# 第一章
## CHAPTER 1

尽显品位的
# BROCANTE
## 的小庭院建造

古老的欧洲风景直接映入眼帘。让我们参考超具人气的园艺
爱好者松田行广老师率领的"BROCANTE"亲手打造的庭院，
来将庭院建造更形象更具体化吧。

# A
THE NISHIMURA HOUSE
西村府邸

# 使周围的大自然与
# 自家庭院的绿色一体化

虽然有可以借景的茂密森林和公园，但地点选定在住宅地的中间。房屋两侧是道路，行人和车辆来往较多，是一个保护了私人空间的同时建造的庭院。

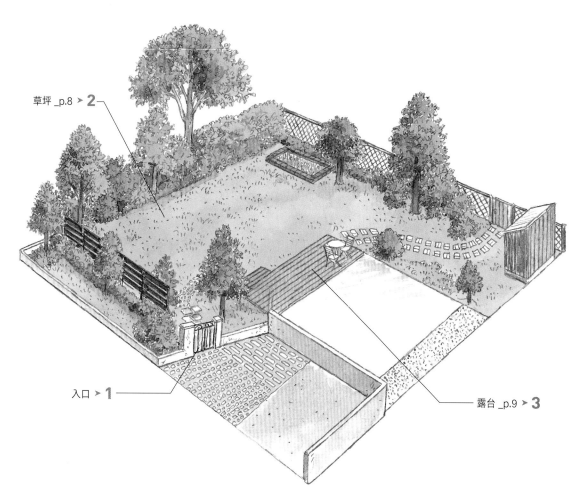

草坪 _p.8 ➤ 2

入口 ➤ 1

露台 _p.9 ➤ 3

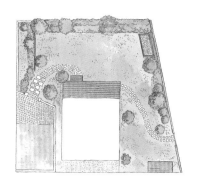

通过提高外围的种植带，来享受借景的快乐。

　　周围有丰富的森林和树木众多的公园，是无可挑剔的位置。想把这个自然景色作为庭院风景的一部分，但面向公路，而且附近也有很多住宅。为了挡住周围的视线自由地享受生活，在外围的种植带上填土，特意加高了地面。给人一种错觉，好像院子与周围是一体的，脚下的公路也很难看得见。另外，通过制造高度差，营造出植物的立体感，可以让人体会到庭院与周围绿色以更加自然的形态衔接的光景。

门的内外配置稍稍变化的铺路石

入口处好像能听到一个声音：穿过这道门后，请舒心地度过每一分钟。这是一道让人觉得从现在开始可以完全放松下来的门。进门前，映入眼帘的是整齐排列的小方块石，进门后上了台阶，小方块石稀疏地排列着。

就算没有特别注意到这些而进入这道门，这样的入口也能让你感受到不一样的氛围。这种从正式缓慢过渡成非正式的入口，是很多人心中理想的形式。

1 从上面看入口和台阶部分，被树木包围着，吸引你走向玄关。

2 被夹在中间的小道，右边是柏叶紫阳花，左边是绣球花。

3 具有存在感但却不会让人感到压迫的大门。

## 1

# 入口处通过门、铺路石
## 以及植物来传达一期一会的真诚

门柱上安装左右对称的铁门。尽管看起来有些正式，
但却增加了迎客的仪式感。走入庭院，
让人特别期待将会有什么样的风景在等着你。

## 草坪庭院
# 起伏与亮点

大面积的草坪只会给人过于空旷平坦的感觉，
让我们发挥亮点的功效，建造一个富于变化的庭院吧。

### 通过填土使其有起伏，或者在铺路石上下功夫

照片中拍摄的是绿草生长得极其漂亮的庭院照片。由于庭院进行了填土处理，所以排水特别好。如果是排水不好的土壤，就考虑一下这个方法吧。

绿色的绒毯顺利完成后，那里即是需要呈现出亮点的地方。如果采用填土的方式，那么推荐大家填出起伏。也有使用铺路石来突出重点的方法。如果草坪的外侧（绿）处理得整齐漂亮，那么这片草坪看起来就会很整齐紧凑。

1 通往入口小道上的铺路石，使庭院中的草坪看起来更紧凑。

2 草坪的绿色与庭院外的绿色融为一体。

通往远景的桥梁正是由于庭院的存在才会有的景象

　　庭院的位置极佳，邻近公园，茂密的树林近在眼前。更美的是与庭院相连的景色的存在。站在有屋顶的露台上，你会忘记时间。

# 3

## 在微风吹过的宽敞的露台上
### 眺望令人心仪的庭院

从露台向外望去，眼前的庭院也好，庭院外的景色也好，一切都好像只属于自己。南北通透的露台会有南风吹过。

1　露台柱子上向上爬的葡萄枝的绿色，是这个风景的主要构成要素。

2　柏叶紫阳花盛开时期，花株整体看起来像一幅艺术作品。

3　葡萄树的叶子的形状和颜色很漂亮，构成了一幅优美的画。

# 乐在其中、容易打理
# 露台上的小小种植空间

一个聚集了快乐的既可爱又
美丽的空间。在这个你可以
度过一整天的露台上，充满
各种精心的设计！

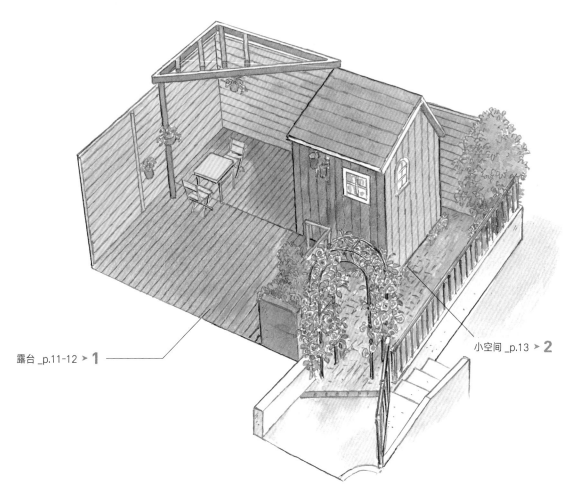

露台 _p.11-12 ➤ **1**

小空间 _p.13 ➤ **2**

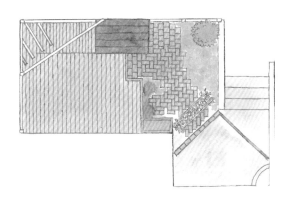

## 借助地面、墙壁以及天空来建造庭院

　　附近的房子，都是从位置较低的道路登上台阶进入屋
内。虽说位于高台，附近都是相同的高度，难得的缓步台
也被围到房子里了。而在其中，完全感受不到压迫感，同
时借助了地面到墙壁、蓝天的组合，营造出富有特色的庭院。
这个庭院让我们感受到，植物不论是在哪里，都会按照自
己的节奏生长着。

# 多样化绿色植物尽显丰富的"表情"
# 舒适惬意的露台

虽然不是在家中，但也并非在外面，这样的露台让人极其舒适。
再加上大量的绿色，是一个使人的心得以平静下来的空间。

1 通过位置设计，产生一种被包围感，变成一个让人能够平静的空间。

2 两侧带有口袋的草莓花盆，一个花盆内可种植多种植物，就像一个小庭院一样。

3 与不同季节的花相匹配的吊篮，以及喜欢的桌布，这些都能打造出一个让人舒适的露台。

阳台虽然狭窄，但看起来很宽敞，因为……

　　20平方米的空间绝对不算宽敞，但足够让人慢慢地饮着茶水彻底放松。它位于住宅密集地的中央。虽然使用板壁围着，但并非四周都由板壁包围。能做到如此使人平静，是因为阳台两面被很好地包覆着。这就是开放感和包覆感的巧妙结合吧。

　　此外，尽管这个空间内没有土，却种满了植物。一个空间内同时存在多种相反的事物，却产生了一种绝妙的平衡感，这才是阳台虽然面积狭小但看起来特别宽敞带给人舒心的理由。

1　狭小的空间，配置有藤蔓架、小屋、拱门。庭院中使人愉悦的要素紧凑地结合在一起。
2　通过门的设计，以下一阶台阶的方式，来自然切换到另一种景象。

1　按照空间大小设计的花园住宅。

2　特意不使用砖块，留下地方，以便种植叶子漂亮的植物。

3　巢箱是亮点。

通过有效利用，让空间充满绿色

仔细看这个将庭院围起来的木墙，你会发现它由木板相互交错组合而成，通风良好。木墙构成了较高植物的绝妙背景。向脚下看，铺有砖块的地面有一些残留空间，在那些空间里，可种植一些小巧且有个性的植物。

此外，拱门、藤蔓架等构成庭院风景的一切，也都起到装饰的作用，花园中的植物都在健康地生长。墙包围的空间里那满满的绿色，正是有效利用了每一个小小的空间所达到的效果。

2

# 小小的空间里
# 种有许多植物

不管多么小的空间，都不要浪费，要有效地利用。

应选择适合小空间种植的植物。

# 充分彰显出植物具备的"特质"的庭院

种植者付出的努力就是通过庭院的形式展现出来的。此庭院让我们真实感受到一句话"庭院如人"。

花园小屋 _p.15 ➤ **1**

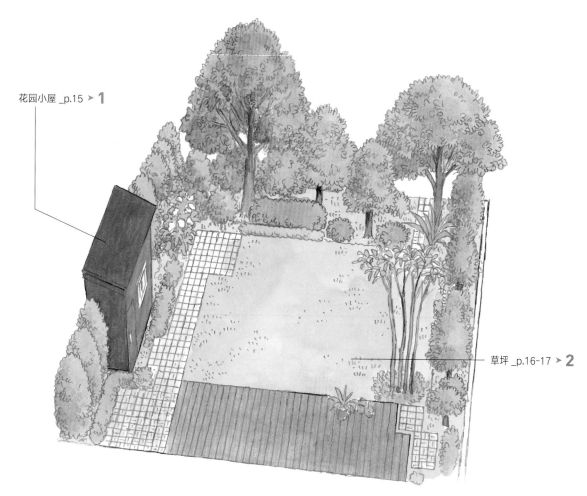

草坪 _p.16-17 ➤ **2**

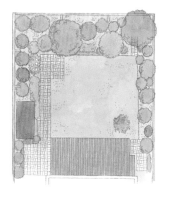

**不断摸索，通过与植物间的搭配，达到完美**

　　树干笔直生长的高树木和中高树木。在其他庭院中作为配角的矮树，在这里也找到了自身的存在感。被修剪得整整齐齐的树木，体现了种植者对待植物的真诚态度。正因为种植者信赖植物，植物才竭尽全力地回应吧。当然，其中也应该有种植者的不断摸索。但是，那并不是所谓的"不顺利，所以再试试看"，而应该是"如果这么弄，会有什么效果呢？"。在这过程当中，植物具有的魅力都被充分地展现出来。

1 让人感受到庭院工作是"讲究的爱好"的素雅
的花园小屋。既融入了庭院的绿色当中，又被
那扇白色的小窗深深吸引。

2 特别好用的整洁可视收纳处所。

# 提高庭院品位的
# 花园小屋

独有的花园小屋，就像是庭院建造的乐园。
可以作为焦点，也可以作为收纳好场所。

**小庭院也有紧凑感**

　　存在于庭院中最让人印象深刻的便是这座花园小屋。喜欢 DIY
的话也可以考虑手工制作。也可以购买成品自行搭配。小型庭院中，
当然还是最推荐紧凑型的。可以收纳工具类物品也是其中的一个重
点。

在每日对庭院的照顾之后，有让人惊艳的景色正在等着你

　　近几年，低维护的庭院深受人们喜爱，但如果想要那种被天鹅绒般的青草覆盖的庭院，那么维护是必不可少的。面积广大的庭院，实施维护的难度较大，但是小庭院的话，可以在愉快的时光里轻松完成维护工作。

　　修整草坪时，每一根草的修整不是难事，关键是不厌其烦地坚持下去。特别是从初夏的生长期之后，需要切实进行浇水，仔细地除草，每月实施 2~3 次剪草。

　　修整过的草坪使人赏心悦目，所以如果不认为这个过程是一种苦，就尝试一下吧。光脚在绿色的绒毯上走动，或者在绿草上翻滚，完全不需要到公园里就能尝试。青翠的草坪，显得周围的植物也生机盎然。深浅绿色兼备的庭院也极其美丽，具有鲜艳颜色的花朵和叶子的植物作为点缀也很不错。

1 密密麻麻生长的草坪。
2 在草长得不好的地方铺上地砖，变成一个迷你小露台。
3 光照特别好的庭院中，草被很好地照顾，美丽地成长着。
4 茶色的木墙是植物带最好的背景。

# 2

## 对被喜爱的植物所包围的
## 天鹅绒般的草坪充满憧憬

草坪庭院必要的条件是拥有良好的光照和排水。
如果是满足条件的庭院，则可以尝试挑战一下。

THE IZAWA HOUSE
井泽府邸

# 在居住地中央实现的
# 林中度假地

一棵一棵地种植树木和花草，住宅地里的空地变成了林中度假场所。让我们一起去寻找其令人舒适的秘密吧。

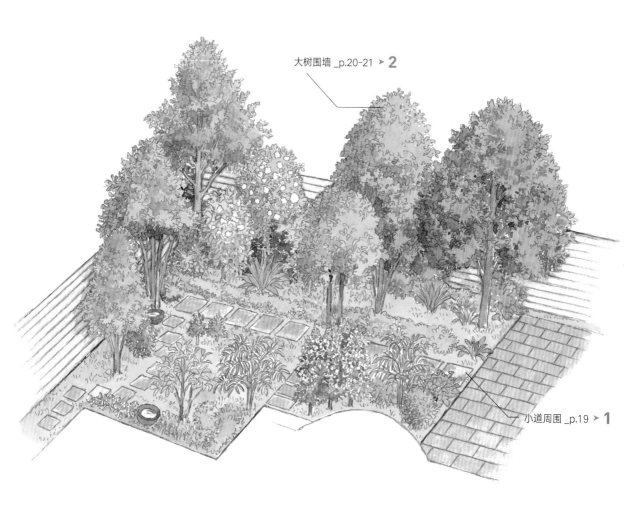

大树围墙 _p.20-21 ➤ **2**

小道周围 _p.19 ➤ **1**

## 清爽的树木变成围墙，给人以舒适感

在家的时候，想和在度假村酒店一样悠闲放松的话，可以在家里也建造一个游泳池。但，这里是住宅地的中央。从附近的人家向此瞭望，院内景色会尽收眼底。这时，在庭院中加一面围墙就可以解决问题。选择具有围墙作用的轻盈树木或银叶的沙枣树。辅助它们的还有帅气的大柄冬青、光蜡树。

## 充满想象力的小路

"再往前走是什么样的呢？能一直走到哪里呢？""要是在茂密的树木中见到可爱的小动物，会很有趣吧？"即便是小庭院，也可以制造出这样的一条小路。从对侧反观小路，又可以给庭院带来另一种不同的景色。

1 小路的入口处开满了紫阳花和绣球花。可以舒适地在漏叶光影中散步。

2 从上方向下看，沿着小道的是连续的绿色植被。

1

### 赋予庭院故事
# 小道周围

小道并非仅仅是增加庭院的进深，
还能让人产生无限遐想。

## 2

### 在住宅密集地保护隐私
# 大树围墙

如果在庭院中散步，会想要把外面的视线全部遮挡住。
如果树木可以作为围墙很好地遮住从外面来的视线，
就会让人感觉到是在林中散步。

## 选择清爽的树木，打造出明亮的空间

　　好不容易打理的自家庭院，却因两层或三层建筑的邻家而变得毫无隐私，这种情况也时有发生。在那种被周围能够俯瞰到的空间里，是怎么也放松不下来的。这种情况下，应选择高树来当围墙掩饰。

　　如果全部是深绿色的常青树，会让庭院显得暗淡。搭配一些叶色浅淡的、树枝柔软的植物，创造出一个感受不到压迫感的空间。

1　沿着木墙排列的高树，因为其浅浅的叶色，绝不会使人产生沉重感。

2　高树下是各种形状和颜色的叶类植物。

3　白色木墙作为背景，树荫处也是比较明亮的空间。

THE BRANSCOM HOUSE
BRANSCOMBE
府邸

# 用玫瑰装饰——实现自己的梦想，同时也治愈了周围的人

以希望有吸引力为目标而设计出的家，玫瑰最为合适。经过了6年后的今天，玫瑰花把家装饰得多彩而美丽。

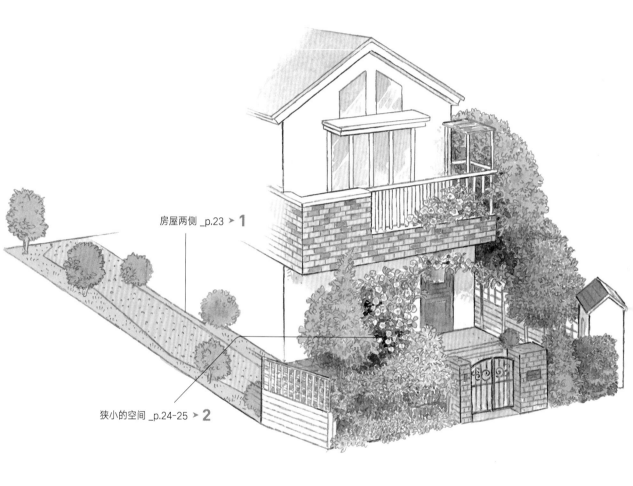

房屋两侧 _p.23 ➤ **1**

狭小的空间 _p.24-25 ➤ **2**

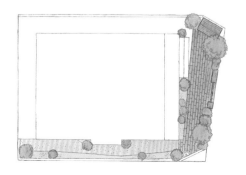

**玫瑰花盛开的脚下，也有着漂亮的小庭院**

梦想的玫瑰花园。在入口处小小的空间种植的玫瑰，越长越广，装饰着这个家。最初种植玫瑰是因为想治愈自己，但是现在，家门口变成了许多人散步的路线。附近的朋友评价说，坐在正前方的公园的长椅上，能清晰地看见像包裹着房屋一样的玫瑰花景象。把房屋围住的盛开的玫瑰花下，原本是狭窄的通路，而现在也浑然变成了明亮的庭院。

# 仅仅作为过道实属可惜
## 房屋两侧

正是因为空间有限，所以房屋两侧的狭窄通路也不能浪费。想办法处理一下后，马上变成了珍藏空间。

用白色岩砂做装饰，提高视觉效果的亮度。此时，茉莉花争相开放。

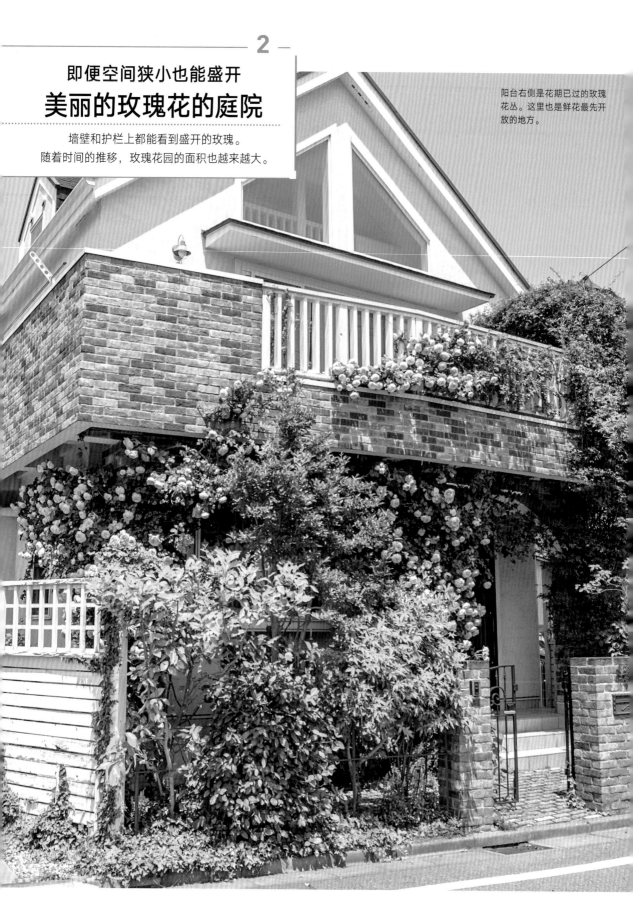

# 即便空间狭小也能盛开
# 美丽的玫瑰花的庭院

墙壁和护栏上都能看到盛开的玫瑰。
随着时间的推移，玫瑰花园的面积也越来越大。

阳台右侧是花期已过的玫瑰花丛。这里也是鲜花最先开放的地方。

1　包住了入口的玫瑰花。

2　大朵玫瑰全开时。无比享受地按照自己心仪的样子开放。

3　被玫瑰包围的阳台上，一年一度的聚会也让人无比期待。

4　玫瑰花扩展到房子两侧。

**不同花期的玫瑰，延长了赏花时间**

这家种植了以藤蔓玫瑰为主的大花蔓性蔷薇和木香花。大花蔓性蔷薇可用 3 年时间到达阳台下方。通过种植这种花，在阳台上也可以欣赏到这种美丽。由于这几种玫瑰的开花时间稍有不同，所以延长了赏花的时间。

F

THE KAMIMURA HOUSE

神村府邸

# 通过不用费时来打理的结构，
# 尽情享受庭院的生活

虽然很喜欢植物，但是没有时间照顾……在建造了不用费时打理的庭院后，现在却很享受侍候这个庭院的过程，它已经成为我生活中的一部分。

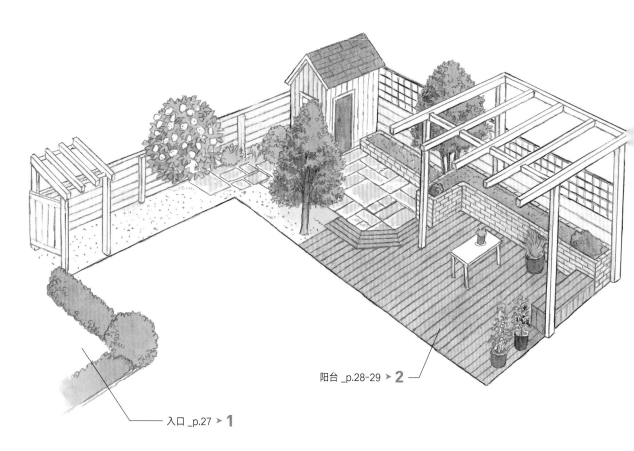

阳台 _p.28-29 ➤ **2**

— 入口 _p.27 ➤ **1**

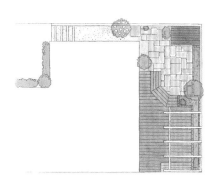

**不用费时打理，简简单单**

　　为了不费时打理，庭院里几乎都用瓷砖和木质地板铺设，限制了可以种植植物的空间。只有抬高苗床和盆栽、藤蔓架的设计。种植的植物也几乎都是不用费时打理的树木和花草。庭院虽大，但植被的生长空间有限，可以方便修剪和维护。因为这种简单，所以大大节省了打理的时间，也增加了一家人在庭院里度过的时间。

1　右侧藤蔓架下面是自行车放置场所。因为地面较低，所以从外面看不见自行车，也
　　不会破坏风景的美感。

2　通过古砖与常春藤的组合，就像穿越到了异国之地。

## 从寻找材料开始

　　想把自己心目中憧憬的样子以真实的形态展现出来，有这样的憧憬的人有很多吧。使用适当的材料，即使空间再小，也是有可能实现的。如果自己亲手制作，那么寻找材料的过程也应该很快乐。基础框架固定好之后，即便用容易入手的常见植物，也可以打造出如国外田园般的风景。

# 使用古砖、古材、地锦，
# 打造法式偏远乡村风情

即便空间很小，也可以成为有氛围的一角。
使用精心挑选的材料，细节部分都有讲究。

## 像在室内阳台里似的，
# 度过平静又美好的家庭时光

露台是另一个起居室。
一家人一起享受这个可以直接触摸的大自然吧。

在露台上与植物的亲密接触，
变成了生活的日常

　　庭院的一半是露台，一般铺设石板，几乎没有土地。植物有抬高苗床、盆栽与藤蔓架。可以光着脚直接从起居室走到露台，那里有触手可及的植物。轻松地进入露台，轻松地接触植物，成了一家人的日常。休息日的"庭院聚餐"也变成了一种乐趣。

1 可以光脚站到藤蔓架下面的木板上，这里成了一家人小憩的场所。

2 露台的边缘做了台阶，可以坐下来放松一下。

3 夜晚打开灯，呈现出与白天截然不同的景象。

4 白色的木墙很好地映射了黑莓的果实。

5 起居室与露台一体化，能轻松往返于其中。

# G

THE SATOU HOUSE
佐藤府邸

# 停车场与引道、
# 主庭院的氛围一体化

在住宅密集地，往往没有充足的空间用于建造庭院。为了将停车场与通道变成庭院的一部分，将各个空间的氛围进行了统一。

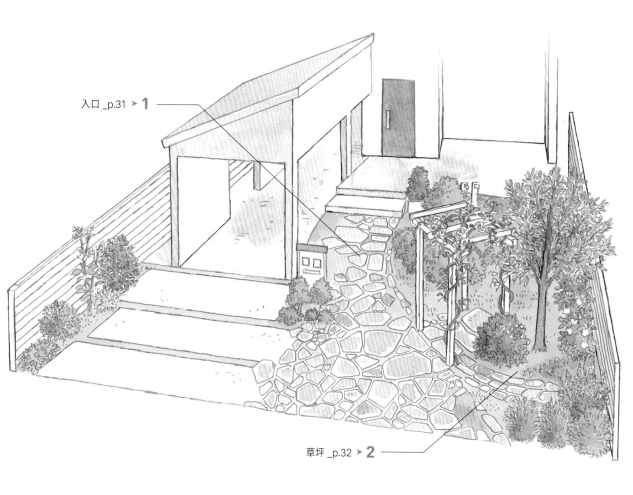

入口 _p.31 ➤ **1**

草坪 _p.32 ➤ **2**

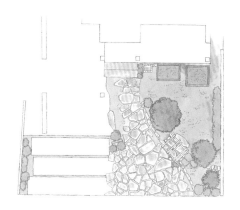

## 一体化的空间中进行了区域划分

很多建造小庭院的人都苦恼于如何有效利用有限的空间。"希望有一条从马路到玄关的引道""想要一个可以让孩子玩耍的庭院""想要一个停车场"，有限的空间有很多这样那样的希望。在这个庭院中，达成了这些愿望。为了让孩子们玩耍时不会有危险，通过设置一些藤蔓架和高度差，将游戏区划分开，这样即可确保安全。

1　安装的深色邮筒犹如艺术品，使浅色的景色一下显得庄重、正式。
2　将藤蔓架的脚底隐藏起来的薰衣草。又茂密又好看的草的形态。

# 1

## 入口处通过
## 浅绿色的植物
## 营造出温馨的气氛

浅绿色的植物，即使种植很多，也不会有沉重感。
选择种植香草的话，能给人以清爽的感觉。

### 整齐有序中也有温柔

　　墙壁、围墙以及停车场部分的混凝土面、入口周围都特意使用
了白色。在白色的背景下，如果植物也种植白色系的话，会给人一
种统一感。如果玄关前整体空间的 2/3 都种有常绿的植物，那么一
年当中都不会缺少绿色，且展现出了整齐有序的画面。但是，如果
全部都是深绿色的话就会有一种沉重感，所以种植一些银叶、斑叶
植物以及香草等，就会使氛围变得非常柔和。

1　盛开过的绿色花朵，映在白色的木墙上。

2　小空间也能做成小菜园。

3　通过弱化草以外的植物与建筑物的色彩，凸显出草的美丽。

2

# 小草坪的庭院里
## 栽种色彩明亮的植物

小草坪的庭院里种植色彩明亮的植物，
给人一种清新感。白色的建筑物也是其中的亮点。

白色的花朵和建筑物也是草坪中的亮点

　　小草坪的庭院中，明亮色彩的植物和浅色的植物能带来提神的效果。我推荐种植银叶。开白色花的植物也有很好的效果。就算满园都是草坪，也能消除深绿色带来的压抑感。照片中的庭院，白色的藤蔓架也是一个很好的点缀。此外，主人用白色的木墙作为草坪的一部分，也是一个搭配的方法。

# 第二章
## CHAPTER 2

不放弃！
利用劣势
条件打造小庭院

苦恼于庭院中可以利用的为数不多的空间"过于细长""过于狭窄""过于暗淡"的人一定会有。这里收集了很多劣势条件反而变成优势而打造出来的小庭院，也记录了很多可以直接借鉴的方法。

## 条件不好
## 也不放弃

# 这种空间，
# 也能变成庭院

为了将有限的小空间打造成美
丽的庭院，把不可能变成可能，
配一些绿色是非常重要的。让
我们看一下实际例子吧。

道路与玄关中间设置的木墙下种植出的绿色带，让这里获得了重生。　　🏠 井泽府邸

## 从空间与植物的搭配
## 开始吧

　　土地几乎被建筑物占据，没有多余能建造庭院的地方……这种情况也没有必要放弃理想。仔细观察一下用地内的每一处，你会发现有很多空间可以进行栽种。乍一看，觉得种植条件很不好，实在不适合种植的地方，只要下点儿功夫，就能打造出一个焕然一新的空间。现在，让我们到房屋周围走走看看吧。死角区域，平时没什么机会经过那里，请调查一下这种区域有哪些特点，因地制宜。

　　实地看过后，能真实感受到那个地方的光照情况和通风情况。也摸摸脚下的土壤，确认一下土质吧。是湿漉漉的土壤是还干干巴巴的土壤？植物也有很多各式各样性质的。将种植空间的特征与植物完美地匹配在一起，是建造小庭院的第一步。

### 01 细长空间的利用方法

当建筑物排列很满的时候，建筑物周围就会有一些细长的空间。通路和死角区域稍加利用，就会变身成漂亮的空间。

道路

### 02 狭窄空间的利用方法

没什么土壤的地方，以及邻接道路的有限的空间也可以充分利用。通过选择恰当的植物，并在种植方法上下一些功夫，即可打造出被绿色装扮出来的景象。

道路

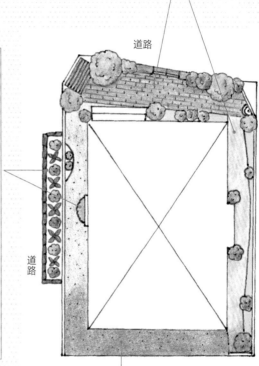

### 03 享受背阴·半日阴

在住宅密集地，很多地方几乎整个空间都很难有光照。但是，正是因为太阳光很难照射到，就要想办法种植这种庭院适合的植物。

1 房屋的两侧及后面

2 面向玄关的道路与房屋之间

## 01 细长空间的利用方法

将用地内可以说一定会存在的细长空间，打造成魅力场所吧。

**做成庭院后也能提高防盗效果**

即便用地内几乎全部建造了房屋建筑物，建筑物的两侧及后面也应该会有一点点空间。

这种残留下来的空间，几乎都是细长空间。就算是觉得"我家没有庭院"而想放弃的人，重新审视一下这样的细长空间，就可以拥有自家的庭院了。

如果对那些细长的空间放置不管，就会杂草丛生，越来越暗，这样只会变成一个让人越来越不想靠近的地方。如果在这样的空间栽种一些植物，装饰一些喜欢的杂货，不仅可以让人更加享受这个庭院，也增加了一家人到这里的频率，从而提高防盗效果。铺上铺路石和明亮的玉沙粒的小道，行走方便的同时也抑制了杂草的生长。保证通行空间的同时，好好利用墙的内侧，打造一个立体的绿色空间吧。

# 1 房屋的两侧及后面

用地几乎都被建筑物占据时的房屋两侧及后面的空间，如果放置不管，一定会成为人们不想去的地方，但这些地方也可以成为庭院的美丽一角。

井泽府邸　皆川府邸　BISTROT LA PEKNIKOVA 目料店

### 突出点缀

在一片绿色中种一株花进行点缀，也可以放置一些小型景观摆件。

### 扩大下方的空间

两侧种有树木时，考虑到通行空间，请将树木下方修剪，扩大下方空间。

### 不规则的魅力

铺路石不规则地铺设，种植空间大小的变化，都更能让人感受到大自然的气息。

## 〔 绿色隧道 〕

介绍一下将房屋两侧的细长空间变成绿色隧道的实例。即便刚刚种植的时候有些担心，但数年后景色定会发生变化。

## 〔 在墙的内侧下些功夫 〕

即便不能栽树，也可以种植一些绿色藤蔓植物，可以让暗淡的空间变得明亮。

🏠 高桥府邸

🏠 BRANSCOMBE 府邸

### 地栽宽度 10cm

为让道路明亮一些，可以铺设白色沙石，种植宽度控制在 10cm 左右。有限的空间也能打造得充满绿色。

### 加入棚架和立水栓

在内侧设置棚架，专门放置小物件和花盆。水龙头的风格可以完全融入风景中。

### 通过高度差与点缀

有规划地栽种高大植物、矮小植物，通过花朵和叶子的颜色起到点缀和突出的作用，这样能让这个空间富于变化。

### 放置藤蔓架

细细的通路上放置一个藤蔓架，攀缘植物就会爬满整个架子。在叶子茂密的炎夏，这里就会成为一个凉爽的树荫乘凉地。与通路两侧的下方草类一起，构成了有立体感的绿色空间。

井泽府邸

月田府邸

## 〔 让栽种有所变化 〕

在有限的空间里，如果植物能高效配置，就会产生立体感，有意识地利用植物的高度差则是很好的方法。

## 2 面向玄关的道路与房屋之间

在有限的用地里，唯一可整装的空间就是这个部分了。原本仅仅在玄关前面装饰了花盆的房屋，经过重新改造后，房屋周围即刻变得热闹起来。

坂本邸

### 一石二鸟的绿色小道

打开家门，直至玄关都是像树林一样的不断延伸的小道。粘贴石面的部分可以用来放置自行车，没有自行车的话，它也可以成为小道的一个很好的点缀。

〔 **变身引道** 〕

公路和房屋之间的空间。在道路和房屋之间常常放一道墙，但是如果换一个思路，这里也可能成为引道。没有整装的空间或被放弃的小道，都可以利用起来。

# 〔 利用房屋的墙壁和道路侧的围墙 〕

与道路之间设有围墙时，打造一个围墙和房屋墙壁上都有绿色的空间吧。即便内深不满1m，也能变身充满绿色植物的空间。

## 在树木＋树下杂草中栽种玫瑰

仅选一处栽种树木的空间，种了一棵大的四照花。尽管空间狭窄，却与攀爬在树下的杂草、墙和围墙上的玫瑰花一起，构成了一体化的景色。

# 也能利用这种方法!

"又细又长反正也变不成怎么出彩的地方",这种想法一定要放弃!虽然空间有限,也可能实现你认为的只有大庭院才能做到的那些效果。

🏠 麻生府邸

寂静的房屋侧面与道路间的空间。在屋檐下的墙角铺上石头,在距离围墙很近的地方栽种树木和树下草丛,就变成了拥有风情的自然景色。

### 有风情的景色中也能放置花园小屋

如果是小型紧凑的庭院,那么也可以放置一个花园小屋。庭院的风格确定后,栽种也会变得很容易。

🏠 BRANSCOMBE 府邸

## 点缀细长空间的
## 创意大集

1 直接在水栓的上面挂上花环，即可展现出可爱。

2 在围墙内侧安装假窗和架子，并装饰一些明亮的植物。

3 将空调室外机隐藏起来，打上架子，摆放一些花盆和小物件。

4 在架子上展示的物品中增加一个镜子，可以映照到深处。

5 小道则大胆混合使用不同素材，使有限的空间尽显其变化。

6 房屋侧面种植的柏叶紫阳花，在屋里也能进行观赏。

7 墙壁上设置铁栏，玫瑰花在上面攀缘生长，再装饰一些小物件。

# 狭窄空间的利用方法

**02**

狭窄的空间窄到过不了人，原本以为也种不了什么植物，但在这些例子中，主人心思随处可见。

### 狭窄空间的活用方法

连过道的地方也没有，更别说庭院了，就连植物都不能栽种的地方，经过开动脑筋后，也能大变身。

正因为空间狭小，才能打造出立体的空间。最大限度地利用狭窄空间，最重要的是利用墙壁及护栏等，配合高度与进深。如果能建造成庭院的空间过大，整个平面放眼一看，空地上栽种这个那个，结果常常会变得有些凌乱。相反，如果空间很小的话，就会考虑根据必要性进行栽种，营造立体感，可能更容易打造出有空间感的效果。但是，为了能挤出一点点空间，将围墙的内侧做窄，与道路侧的空间合体，也是一个办法。这样一来，就会成为一个开放性的、可以与近邻一同享受绿色的空间。

**1 墙壁 · 围墙 · 护栏**

**2 与道路的界限**

# 1 墙壁·围墙·护栏

栽种植物所需要的场所没那么大也没关系。利用房屋的墙壁、围墙、护栏，植物就能毫无拘束地茁壮成长。

### 护栏处的玫瑰和树下杂草

在房子的墙壁上安装护栏，上面攀缘生长着玫瑰花，脚下种植一些矮木和草，整个庭院充满绿色的生机，白色的墙面也变得亮丽起来。

### 将窗边包裹起来的玫瑰花

在窗下那仅有的一点点空间里栽种的玫瑰花越长越多，现在成了窗边最绚丽的景象。不管从屋内还是屋外，都能随时赏花。

## 〔 墙壁上的攀缘方法 〕

通过使攀缘性植物在已有的柱子和墙壁上攀爬生长，可以高效地配置各种植物。除了攀缘性、半攀缘性的玫瑰花，铁线莲属、茉莉、金银花等，花朵与香气也能使人心旷神怡。

# 〔 黑色围墙的前面也
能变得很好看 〕

旧旧的黑色围墙与整个建筑格格不入。如果在它前面设置一面围墙的话，之后的庭院建造就会具备多样性和可变性。加装新的围墙时，需要注意一下通风的问题。

### 使用白色围墙来隐藏

黑色的围墙前面设立了一面白色围墙。通过白色的明亮的背景，反衬出绿色植物的生机。

🏠 佐藤府邸

🏠 chapot cafe

### 使用护栏和树木让氛围更好

使用有氛围的板子将脚下的黑色围墙遮挡住，为了遮挡住通过建筑物入口和窗子旁的行人的视线，使用了手工制作的护栏和常绿树。

设置了白色木墙，与黑色围墙之间留有一些缝隙，保证通风。

# 用绿色作为与邻居家的边界

与邻居家的边界常常是双方都比较在意的地方，那么就一起制作一个绿色的空间来作为界限吧。不管对哪家来说，绿色都能突显出他们家整体庭院效果。

### 与邻居家的植物融为一体

打造一个中间夹着围墙，两边各自栽种了植物的庭院成为一体的景色，两个家庭即可共享植物带来的快乐。

### 设计栽种带

利用墙角空地设计的栽种带，做出高度差的效果，种植一些树木和树下矮草。藤蔓架也是一个很好的亮点。

# 2 与道路间的界线

放弃房子周围一定要保证有过道的想法，通过在与道路间的界线处设置一个绿色的空间，反而可以能宽敞舒适地栽种、培育植物。

## 墙面的玫瑰花与绿色衔接

门柱旁边种植了代替围墙的树木，脚下十分有限的空间种植了四季花。墙壁上攀缘生长的玫瑰花与绿色成为一体。

## 树木就是围墙

从内侧看种植的代替围墙的树木。中等高度的树木和低矮树木很好地组合在一起，就变成了一道适度的围墙。

〔 **绿色代替围墙** 〕 道路与房子之间只有一点点空间的时候，无须特意放置围墙，可以用栽种的植物来充当围墙。

### 不种植树篱，栽种植物带

常绿树常常栽种成树篱的形式，但这里种成了树木和树不杂草的植物带。有窗户的部分，是重叠的绿色。

### 堤坝上种菜园

北侧的道路侧堤坝，种植一些半日阴的条件下也能
生长得很好的蔬菜，就变成了天然的菜园子。

### 树木形成了一扇拱门

中、高树木和树下小草，简简单单。高树的枝叶长
在入口处，形成了绿色的拱门。

## 〔 围墙与道路之间的栽种空间 〕

紧邻建筑物的围墙与道路之间的种植空间，不仅仅是家人，路过这里的行人也可以一饱眼福。

**与路过的行人共享绿色** 在花坛旁边放置一把长椅，这个区域的人们都能共享绿色美景。沿着架子盛开的麦仙翁最为引人
注目。

# 享受背阴·半日阴

背阴和半日阴的地方,与光照过多的地方相比,能较快地打造出美丽的空间。

## 在光与影的效果下,打造有深度的庭院

将有限的空间规划成庭院的时候,常常出现的问题是光照不充足。就算很难得南侧有这样的空间,也经常被邻居家的房子挡住变成阴面。乍一看,这是庭院建造时的不利条件,但是,光照并不是庭院建设的绝对条件。如果一天中光照过多的话,植物会疲倦,庭院建造的专家反而会特意种植一些树木,制造出一些树荫出来。正因为有光照的限制,才更有可能建造出光影交织的有深度的庭院。喜阴的植物也有很多,试着找找看吧。

### 将背景做成白色

围墙等空间内占据面积较大的部分,选择白色,就会给人明亮的感觉。

[ **有效果地使用白色** ]　在太阳不容易照到的地方,通过有效地使用白色,整个空间就会变得非常漂亮。就算只有白色的东西,也能让周围明亮起来。

M 府邸　　西村府邸　　麻生府邸

## 使用白色的石头和造型物

1　小兔子的雕刻作品让周围明亮起来，营造出一种有趣的气氛。

2　小蘑菇的雕刻作品若隐若现，把太阳光不容易照射到的暗角赋予了明亮且丰富的表情。

3　原本庭院就有的白色花岗岩放置到了重要位置，让这里变得格外明亮。

## 种植白色的花

1　淫羊藿的花朵姿态非常惹人怜爱。

2　白晶菊与木茼蒿很像，但叶子上有分叉是它的特征。注意定期实施剪枝，防止植株过于密集。

3　七灶花楸的花朵不仅仅有白色的，而且叶子颜色也很清新。

4　珍珠绣线菊生长速度快，不需打理就能开出很多白色的小花。

5　紫阳花等白色的花朵静静地绽放着。

6　风信子耐寒，也能直接在地上种植。

# [ 赋予叶子的颜色、形状、质感以变化 ]

光照不好的话，无论如何都很难开花。这样的地方，推荐种植叶类植物。很多叶类植物喜欢这样的环境，叶子的颜色、形状及质感也都各式各样，种类丰富。

1 细细的叶子形状，让周围的景色都显得有所不同。

2 深绿色的叶子上带有白边的玉簪属，像是一朵盛开的大花，颇具华丽的存在感。

3 石蒜属的红色花朵与落新妇属的白色花朵，形成鲜明的对比。

4 银叶与有斑点的玉簪属的组合，像是埋在中间的自然生长的苔藓，非常好看。

1 绿绿的草坪。在连接绿色的地方，是柠檬黄色的木槿，场景十分紧凑。
2 柏叶紫阳花与日本吊钟花的红叶，把周围照亮。
3 叶子各种各样形状的叶类植物的一角，立着苏格兰高尔夫球场使用过的高尔夫小车标识。
4 两种颜色的肾形草让这里更加绚丽。富贵草和麟毛蕨的明亮的绿色也特别添彩。
5 叶子的形状、颜色、质感都各有千秋。红色叶子的红星朱蕉是最显眼的。

\ 满地的麦冬 /

像绿色绒毯一样的麦冬。星星点点地穿插种植一些叶子飘动的植物，让这里看起来不会一成不变。

## 〔 特意制造一个水景 〕

在背阴、半日阴的地方制造一个水景。即便排水性能不好，通过设计一个水景，反而会利于排水，打造出舒适的环境。

1 上面带有特别的雕刻作品的水缸的周围，生长的菖蒲叶也增添了情趣。

2 水缸的周围种植了带斑点的桃叶珊瑚（绿色和金色）、虾蟆花等颇具个性叶子的植物。

3 填土打造出一个坡度，庭院中就会产生小溪。听着溪水流动的声音，给人一种治愈的感觉。

4 在小溪的下流埋一个水缸，像泉水一样，大自然的气氛就会完美地融入庭院当中。

# 〔 打造一个精彩的场景 〕

日照条件不好的地方，推荐打造一个精彩的场景。种植一些亮色的植物和使用一些小物件，就能打造出一个精彩的场景。

1. 像大自然中荚果蕨的群落一样，在庭院中也建造一个荚果蕨群落场所。这种植物喜阴，叶子颜色也十分明亮，非常漂亮。
2. 图1中在种植了荚果蕨的区域内放置了小桌子、小椅子等艺术品。难不成是在荚果蕨林中游玩的小虫子的栖息场所？

3. 在大树下有树荫的地方，设置一个鸟儿来庭院拜访的饲料台，鸟儿留下的排泄物也意外地成了植物发芽的催化剂。
4. 整体光线较暗的庭院中，将淫羊藿的明亮的叶子剪出一个环形，成为有趣的一角。

光线过多地方的种植创意

1. 种植一些常绿树木，使日光不能直接照射。
2. 为使地面的水分不易蒸发，最好种植一些地被植物覆盖一下。
3. 光线较好的地方通过种植绿草，栽种一些不怕干燥的植物，就会变成一个植物岛屿。

## 点缀小空间
## 创意集

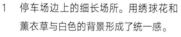

1 停车场边上的细长场所。用绣球花和薰衣草与白色的背景形成了统一感。

2 围墙下极其有限的一点点空间。拥有各式各样丰富多彩的叶子的颜色与形状。

3 玫瑰花根部那小小的空间里也栽种了有表情的叶叶与花花。

4 砖块的缝隙也种植了匍匐植物。如果是开花的匍匐植物，还能感受到季节的变化。

5 混栽匍匐植物与一年生草本植物。花朵凋谢之后，再交替种植。

6 院子的一个角落。古董风格的架台周围也配上观叶植物进行点缀。

7 墙壁上攀缘的玫瑰的脚下。用砖块围起来的小小的栽种空间。

8 事先开拓出来的栽种空间。白色背景下的绿色极其引人注目。

# 第三章

CHAPTER 3

## 思路各式各样!
## 不同场所
## 建造小庭院的
## 创意大集

如果苦恼于空间有限,能建造成庭院的地方很少的话,对于不打算建成庭院的地方,也有一个办法,就是打造成小庭院。这里介绍了花点心思、动动脑筋就能收拾出一个空间,进而建成小小庭院的实例。

# 入口和引道

即便是一点儿建造庭院的空间都没有，
玄关附近的这个地方也可以利用起来。
这里是迎接客人和疲倦归来的家人的地方。
所以，这里想打造成一个既好看又有治愈效果的地方。

## 使用绿色增加温柔感

这里是从公共场所进入到私人空间的地方，包括入口和引道。由于入口多使用建筑物墙壁及瓷砖等较硬的材质，所以想使用植物装饰一下，来增添温柔感。空间很小时，就强调一下立体感吧。放置一个藤蔓架让攀缘植物在此攀缘生长，其空间也就变得多姿多彩、变化万千。引道，最重要的是能抓住在此经过的人的视线流动。通过让人无法一眼看到尽头，来吸引人们一直往里走。入口和引道，都考虑一下栽种一些即使生长也不会碍事的植物吧。

🌲 **使用藤蔓架打造出一个新空间**

建筑物与道路之间使用旧材料做一道围墙，再放置一个藤蔓架。除了表面上增添了气氛之外，还能当成一个收纳空间。

🏠 神村府邸

田中府邸

🌲 **设置一道手工制作的围墙**

拆掉原来安装的护栏，手工打制出一个在狭窄空间里可以立体地进行植物装饰的藤蔓架，以及带有花盆放置平台的围墙。

🌲 **利用攀缘植物的特点**

覆盖住二楼阳台的攀缘植物，其下部使用绿色包围了入口处，就能挡住来自邻居的视线，有着保护隐私的效果。

渡边府邸

渡边府邸

旗杆地建成引道

🌲 **运用旗杆地的杆子部分**

旗杆也很好地打造成了引道。让小道带有弯曲，两侧种植的树木像是拱门一样。左照片是从入口侧看，右照片是站在房屋那里看。

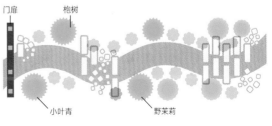
门扉　枹树　小叶青　野茉莉

# 露台·阳台

没有土，也能成为一个让人放松的地方，如露台和阳台。

用绿色的力量，来打造一个治愈的空间吧。

在没有土且有限的空间栽种一些什么样的植物，

正是体现园艺水平的地方。

## 试着感受一下在此处放松

能建造成庭院的地方很少时，就好好利用一下露台和阳台吧。就算原本并没有考虑要放置一个晾干台或者储物间，首先考虑一下快乐畅饮、舒适放松，来构想一下这个空间吧。如果放置桌椅，为了隐私，就会想要放置一些能将邻居视线遮挡住的东西。如使用围墙遮挡或者做一个藤蔓架种一些植物，接下来你应该就会想在哪里栽种一些什么植物等各种问题。

原本就存在的地板如果狭窄的话，那就增加铺设一些地板吧。这种通过减少地面并限制种植空间的办法，能更容易想到有效地栽种并扩大栽种空间。露台和阳台变成了室外起居室，会使我们在家度过的时光更加丰富。

**被绿色包围着的露台是庭院的替代**

因为没有一点儿庭院的空间，二楼阳台被攀缘植物覆盖，成了一个可以放松的空间。

🏛 神村府邸

🌲 **将藤蔓架下面打造成门外起居室**

与白色围墙成为一体的藤蔓架上挂着葡萄的果实。被绿色包围，这里成了第二起居室。在与露台的高度差处，放置几盆花，抬高的地方种有植物。

> 一家人在一起享受的
> 露台生活

休息日完全沉浸在露台聚餐的快乐当中。一家人的生日聚会也当然要在此举行。庭院里结的果实也由自己收割，成了一家人的餐后水果。

月田府邸

🌲 **地板下确保行走线路** 与起居室连接的地板下面，使用砖块或枕木确保行走线。事先区分出栽种空间，就会比较容易种植和修整。

🏠 BRANSCOMBE 府邸

🌲 **从室内也可以观赏玫瑰**

二楼的阳台。越过一楼的屋檐而攀缘生长过来的玫瑰花盛开着，成为从室内的高度也能观赏到玫瑰的庭院。

# 庭院的点缀 —— 组合盆栽

置于入口处，或装饰在墙面上，或者作为焦点使用。
移动起来也很方便的组合盆栽，在庭院里起到很大的作用。

有一定高度的花盆中栽种一年生草本植物和有颜色的叶类植物。

茂密的叶子与其中几根长得高高的枝茎，形成了美丽的组合盆栽。

仅仅是叶类植物的组合盆栽，考虑叶子的颜色及形状和生长高度，使其富于变化。

吊篮里垂下来的蔓柳穿鱼。上面使用天竺葵花博取眼球。

侧面有口袋的草莓花盆。正如其名，也能种植草莓。

牡荆与百里香的香气十足的花盆，成为白色围墙前美丽的点缀。

動動脑筋　这些地方可以作为庭院来使用

# 停车场

用地的大小有限制时，
几乎所有的建筑物以外的空间都用来作停车场的例子不少。
为了能装扮一点点植物，重新规划一下吧。

## 在住宅建筑的早期阶段，
## 也要考虑植物栽种的问题

　　为了保证有一个整洁的庭院空间，有一个办法就是可以利用停车场来作为庭院。停车场往往是住宅建筑时外部施工中使用混凝土进行覆盖的地方。那么最好在计划的早期阶段就考虑与绿色匹配的方法，并与施工人员进行沟通。

　　停车场整体保留了地面，有的根据轮胎的宽度铺设石头及枕木，有的保留一点儿栽种植物的空间后进行混凝土铺设。通过这些方法，更容易建造得平坦，因此，使用车库等营造出立体感更好一些。深处容易成为背阴地，要注意。

🌲　**来客用停车场
作为庭院的一部分**

照片的前面是自家用停车场，石板路的部分是客用停车场。由于来客用停车场使用机会少，所以平常就成为庭院的一部分。

🏠 佐藤府邸

64

🌲 **藤蔓架上的植物与庭院衔接**

在铺设了砖块的停车场的上方设置一个藤蔓架。玫瑰花攀缘生长，与庭院的绿色完美地衔接。

🌲 **与入口之间栽种符号树**

在与轮胎接触的部分铺上木材，保留土的部分。停车场与入口之间种上符号树。白色的墙壁上映射着树的影子。

🌲 **使用植物带作为隔断**

建筑物与停车场之间种植一排植物带，随着树木逐渐长大，也能成为一道围墙。

🌲 **阳台下做成停车场**

田中府邸的阳台下，做成了停车场，高效率地利用了有限的空间。

🌲 **与庭院间的界限营造出自然的氛围**

停车场是铺着沙砾的部分。与庭院之间用栅栏划分，并种植了符号树。

植物生长得很好的

# 抬高苗床

抬高苗床是指将种植植物的土面提高的花坛。

植物容易更换，也能栽种树木。

排水及光照好，是植物比较容易培育的地方。

### 对植物对人都十分友好的空间

公园里也常见的，稍稍有一定高度的栽种空间。这就是抬高苗床，或者叫群植。由于与平面的花坛相比具有一定的高度，具有光照好、通风好、排水好等优势，所以对植物生长来说，其环境极其出众。进一步讲，对人而言，植物的修整也很容易，花与叶子美丽的部分与人的视线高度一样，尽是优点。这里也可以种植树木，与地栽相比，植物扎根受限制，因此会按照紧凑的树型生长。如果是庭院建造初级者，在庭院的边角设定一个抬高苗床，首先从这里培育植物开始吧。

### 让形状富于变化

通过垒砖做成的抬高苗床。通过赋予其形状的变化，植物也不会显得过于平坦。抬高苗床里也能栽种那些长得较大的树木。

🌲 **放一个栅栏，攀缘性植物也大显身手**

抬高苗床的后面放一个栅栏，攀缘性植物也可在上面自由生长。此图片里的攀缘性植物是玫瑰花，将入口处装饰得非常华丽。

🌲 **一个种植变化自由的空间**

入口的边角处做一个抬高苗床。建造起来非常容易，种植着一年生草本植物以供观赏。

🌲 **即使一点点高度，也能提高排水性能**

仅仅是砖块宽的高度，就能大大提高排水性能，有利于树木茁壮生长。

🌲 **日照条件良好的地方**

手工打造的木质花台。放在日照条件良好的地方，适合种些绿叶蔬菜。

🌲 **与邻居家的界限**

抬高苗床里，种植了常绿树，同时也种植了给人温柔印象的日本花柏来代替树篱笆。脚下是叶形好看的树下草。

通过小物件和构造物来改造升级

# 焦点

庭院中极为吸引人目光的地方即为焦点。
尽管到处都种植了美丽的植物，
只要不确定焦点在哪里，
就会变成一个没有重点的庭院。

## 小物件

### 考验庭院建造者品位的地方

很容易就能做到的是使用小物件来制造一个焦点。可以用喜欢的物件装饰，使那里成为视线的焦点。这是对庭院建造者品位的考验。对比一下小物件放置前与放置后的效果，选择一个可以让景色更突出的装饰品。

如果在光照不好的地方放置一个亮色系的东西，效果会更好。除了装饰一些与植物匹配的花盆之外，大花盆仅其本身就会提高存在感。

无论如何，目的是将视线集中于一点，如果说放置的东西过小，那么需要营造出一个有重点的场景。有个性的植物也值得一看。

🌿 **适合此场景的方法**

在墙壁的前面制作一个小架子，上面放置了花盆。背后攀爬生长着攀缘性植物，经过精心照料的植物让这里不再沉闷。

镀锡铁皮的容器当作花盆

大大的镀锡铁皮的容器里种满了植物。
花色统一为白色，成为有存在感的一
角。

打造一个角落

围栏前的小架子上放置了花盆，同时
用一幅画来装饰围栏。周围使用植物
包围，打造出一个充满文艺气息的角
落。

鲜艳的背景下

极富个性的花盆里种植着多肉植物。
背景放了一张靓丽的蓝色板子，一下
子变成了一个特别引人注目的存在。

杂草也能成为焦点

围墙内侧的架子上放置了喷壶来代替
花盆。开着小花的杂草，在这里也成
为颇具风格的美丽焦点。

巧妙利用花环

利用篮子编一个花环，让爬山虎在上
面攀缘生长，就像吊篮一样。向外生
长出来的枝叶也颇有艺术感。

小树枝花盆台座

使用小树枝做的与植物很般配的花盆
台座。爬山虎向下生长，像大自然鬼
斧神工的艺术品。

**吊起来的花盆**

藤蔓架上吊挂着一个年代久远的鸟笼，然后将花盆放上去。

**放在椅子上**

小小的花盆放置在与视线等高的椅子上。开动脑筋，小东西也能变成耀眼的焦点。

**整齐统一**

围墙上装饰了漂亮图案的盘子，安装的架子上装饰着小物件和花盆。通过在周围增添树木的绿色，打造出整齐的一角。

**有厚度的绿色**

玫瑰花攀缘生长的围栏上，生长着爬山虎吊篮，绿色交织重叠，看起来有一定的厚度。

**多摆放几盆**

不经意摆放的花盆也散发出独特的味道。只需摆放几个，就能成为明亮的空间的焦点。

**木围墙的亮点**

看起来像是安装在木围墙上，但实际上是用钩子挂着花盆。

## 构造物

焦点部位也可以使用构造物。拱门、藤蔓架等，除了可以使用市面上卖的那种之外，还可以花点儿时间手工打造适合庭院氛围的构造物。构造物并不是只有在大庭院才能使用。用于明显标示出庭院入口，或者想栽种一些不同氛围植物时，作为两个场景的界限等，正因为是小庭院，才要更好地利用。另外，通过使用构造物，可以立体地配置植物。沿着拱门和藤蔓架不断地生长的植物也能让人感到欣喜，越长越大后将构造物覆盖住的景象也非常值得观赏。

🌸 **开满玫瑰花的藤蔓架**

藤蔓架上长满了攀缘性玫瑰花，开花时就像铺盖了一层黄色的布，绚丽的景色吸引着人们的视线。

🌲 **突显出绿色植物的白色藤蔓架**

将停车的地方与主花园划分开的白色藤蔓架的柱子上，向上攀缘生长着玫瑰花，开花的时候，这里就成了引人注目的一个亮点。

🌲 **做成一个作业空间**

水龙头和作业空间组合起来的定制收纳架。房屋的墙壁前，既实用又吸睛。

🌲 **拱门给小道增添情趣**

铁质的拱门被绿色覆盖，变成了为小道增添情趣的焦点地带，是代替围墙和门扉的万能构造物。

## 花园小屋

可收纳花园工具，作为庭院的焦点地带起到巨大作用的花园小屋。好好考虑并研讨一下自己想要建造的庭院的样子以及放置空间吧。

🌲 **旧木板做的门是重点**

使用旧木板做成的门颇具个性。白色的墙壁也可作为植物攀缘的空间来使用。

🌲 **可爱的波线**

涂墙、屋檐下、门装饰的波线体现出小屋的可爱。独特的雕刻作品也为其增添了不同的味道。

🌲 **小尺寸小屋**

即便小空间也没有压迫感的小尺寸小屋。只要考虑一下大小，小庭院里面也能建造小屋。

🌲 **使用明亮的色彩**

太阳不容易照射到的小屋。使用明亮的色彩，周围也变得明亮起来。

🌲 **浅色系带来的温柔**

浅色的墙壁和门给人温柔感，即使狭窄的空间也不会感到拘束。

🌲 **称手**

帅气男子汉型小屋。不需要放门，实用性优先的开放小屋。

# 小道

小道也能建造小庭院。
使用什么材料，
怎么摆列，
构想这些都会让人快乐。

1 圆石依次衔接，铺成平静的小道。

2 映在绿色之间的茶色小道，就像消失在森林之中。

3 长方形平板石的前面是木材。不同材质混合而成的小道有场面转换的效果。

4 草坪的亮点之小方块石铺成的小道。

5 埋入家人收集的玻璃珠，使这里成为更有意义的地方。

6 将板子横向排列铺设。面向道路的入口处，放置了起到缓冲作用的花盆。

## 铺一条小道，赋予庭院一种氛围

铺小道的材料不同，庭院的气氛也不同。使用砖块和木材，会给人一种大自然的感觉，使用石头平板则给人现代的印象。即使是使用相同的材料，摆列方法不同，给人的感觉也各不相同。什么都不铺，只有植物贴近带土的小道营造出来的景象也十分有趣。另外，笔直的小道、拐有大弯的小道、蜿蜒的小道等，根据小道的形状，庭院的氛围会发生很大的变化。

# 自己亲手打造的花园

花坛及小道等，自己可简单地手工建造。即使刚建造完不怎么满意，
但随着时间的流逝，也会变得有韵味、有深度。

## 建造花坛

**1** 在将要建造花坛的地方进行平土。摆砖块的地方撒一些河沙。

**2** 摆第1层砖块。拐弯的地方将砖块竖起来放置。

**3** 垒3层砖块，花坛的围圈完成。

**4** 花坛中放入市面上卖的培养土，完成。根据要种植的植物加入土壤。

## 抬高苗床

**1** 放置培植容器。为支撑容器里的绿色植物，周围垒上砖块。

**2** 砖块交互垒高，直到培植容器可以刚好放入。

**3** 培植容器里放入市面上卖的培养土。

**4** 根据栽种的植物进行土壤制作，实施必要的施肥，然后即可栽种植物。

## 铺设小道

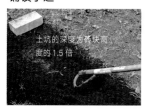   

**1** 除去铺设砖块的地方的小石子及根须。

**2** 铺砖块的部分放入河沙，弄平。

**3** 铺上砖块，用胶皮锤等从上往下轻轻敲打进行固定。

**4** 铺完后，从砖块的上面撒一些河沙，直到将缝隙填平，完成。

## 铺草坪

**1** 准备草坪幼苗和草坪用土。

**2** 除去小石子和根须，按照10cm的深度进行翻土。

**3** 将草坪一片一片铺设。

**4** 铺完后，从上往下撒一些沙土，清扫干净，并浇水。

# 第四章

CHAPTER 4

将憧憬变成现实，
建造各种印象不同的
小庭院的创意

即便是小庭院，也可以打造成你理想中的样子。在此介绍了
一些适合小庭院建造的好办法，下面就让我们一起来看看这
些具体的庭院实例吧。

# 一年中花朵常开不败的花坛

在小小的庭院里也想拥有一个花朵盛开的花坛……
在八岳山脚下主持着绿色小屋花园的园艺师井上华
子老师教会我们如何建造容易打理且美丽的花坛。

**Q** 种植前最好土壤改良？

**A** 在移栽一年生草本植物时进行。拔掉开完花的植株之
（井上老师）后，除去残留的根须，使用铲子或移植小铲将土壤好
好耕一下。并加入牛粪、腐殖土、碳化稻谷，好好搅拌，
然后栽上新苗。每年 2 次移栽的时候实施此操作的话，
到下一次移栽前即使不施肥，也能连续不断地盛开美
丽的花朵。

## 利用特征巧妙组合

建造花坛时首先考虑的是一年生草本植物与多年生草本植
物的区别。一年生草本植物需要每年撒种或栽苗，虽然费时费力，
但其最大的特点是花朵颜色美丽。多年生草本植物经过一次撒
种栽苗后，可以数年都能直接欣赏花朵，与一年生草本植物相比，
花朵比较朴素，花期短，但不费时费力。通过将这些植物好好
地组合，就形成了一年当中都能欣赏花朵的花坛。

在艺术品周围建造

# 1 圆形花坛

如果庭院内有空地，那么可在中央放置一个艺术品，艺术品周围建造出一个美丽的花坛。

**绿色的配色使用宿根草**

　　圆形空间里，首先选择绿色配色的植物。这个花坛里种植着根据季节不同，叶子颜色会发生变化的初雪葛。再通过种植宿根草，一年生草本植物，一年当中仅进行 2 次更换，就会变成一整年当中都可以观赏到花朵的花坛。

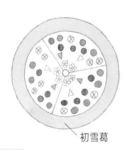

初雪葛

植栽图

⊛ 寒白菊　　　● 三色堇（紫）
▲ 银叶爱莎木　● 三色堇（粉色）
△ 白妙菊　　　⊗ 三色堇（黄色）

**Q**　冬季里生长慢？

**A**　从 11 月中旬栽种后的 4 个月时间，乍一看没有什么变化。虽然不会像春天和夏天那样眼看着明显长大，但如果是庭院内的花坛，每天浇水观察的时候，可以真实地感受到与昨天相比，今天又有些不同。然后从 3 月末开始一起都变大。
[井上老师]

🌹 从冬季到春季的花坛

12月

**种植 3 天后**　与植完苗时几乎是相同的状态。周围是许多植物都枯萎的冬天的景象，但这个花坛里的初雪葛依旧生机盎然，其中的三色堇等正在等待春天的来临。

3月

**种植 113 天后**　各自的植株都确实长大了许多。中央的寒白菊比其他花更快一步增加着花朵的数量。同样的道理，都是春天开的花，也要把花期稍稍错开一些来选择植物。

※照片中的花坛所在地是日本东京。根据居住的地域不同，花期也有所不同。

**从夏季到秋季的花坛**

使用了夏天的有朝气的颜色，但又不会过于鲜艳，并通过种植一些色彩度低的花，形成了平静和谐的氛围。

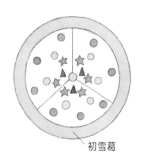

**植栽图**

▲ 锦紫苏
★ 五星花
○ 蓝星花
● 百日草

初雪葛

---

**Q** 春天开过的郁金香的球根，
　　最好挖掉吗？

**A** 如果留下球根来年也想让它开花的话，就需要在花盛开
〔井上老师〕 的过程中将花朵去掉。一直开到最后谢掉的郁金香，多
数来年都不会再开。另外，球根就那么留下的话容易感
染病毒，所以将其当成一年生草本植物除去会更好一些。

---

## 从夏季到秋季的栽种方法要点

**1 颜色差不要过于突出**

在绿色和红色基础色调中，悄悄露脸的是蓝星花。那就控制
在色差不会过于突出的量的范围内吧。

**2 利用叶子**

因炎热花朵变少时，栽种一些有色彩的叶类植物，花坛就会
变得绚丽。

**3 栽种耐干旱的植物**

夏天炎热时容易断水，即使心里想着要浇水，但有时候也会
出现缺水的情况，所以适合种植耐干旱的植物。

**4 试着种植一些每年颜色会有变化的花**

多年都在同一花坛里栽种，我们即可知道适合这个环境的植
物有哪些。虽然是同一种类，但是颜色每年都会有所变化。
仅仅是这个变化，就会在每一年带来不同的风景。

## 圆形花坛 的栽种要点

**Q** 植物如何选择？

**A**
[井上志津]
为显示出华丽感，使用一年生草本植物来填补空间吧。推荐一株苗可以串根长出一大片的植物。另外，选择花期长、整体上花期都能错开的植物，就能达到长期赏花的目的。

**Q** 颜色组合怎么办好？

**A**
[井上志津]
这个花坛在春天将展现精彩的景色，因此，以柔和的颜色为中心。整体都很柔和的色调中，植株较高的粉色郁金香成为焦点。使用同色系时，为显示出深度，加入中心色会更好。

**1** 将需要费时打理的植物种在外侧

摘花等需要费时的三色堇等植物，种在圆形花坛的边缘附近会更好。相反，不费时，无须打理的植物种植到圆形花坛的中心（里面）。

**2** 三等分后再考虑

圆形的 360° 的空间里都均匀地栽种上植物是很难的。将空间三等分后确定苗数（参照 p77、78 植栽图），事先放置后再进行种植吧！

**3** 苗与苗间留出充足的间隔

一旦开始快速生长，植株间的距离很快就会被埋没。考虑到这一点，苗与苗之间留出充足的间隔吧！

**4** 抬高中心，降低外侧

生长时草的高度，以中心高、两侧低为原则来选择植物。

**5** 球根蜿蜒栽种

郁金香的球根蜿蜒栽种，茎长高并开花时，可见其随机感、自然感。

**6** 加入常绿植物

这里最外侧的初雪葛是常绿植物。冬天也保持着绿色，使花坛生机盎然。

## 在庭院的角落建造
# 2 正方形花坛

根据种植方法，小空间也能建出像草原一样的花坛。

**主角自然地交替是最理想的**

　　一边想象着植株长高后花朵在最盛期时会是什么样子，一边栽种。各自的主角能自然交替的花坛是最为理想的。

---

> **植栽图**  从冬季到春季

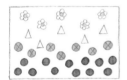

⊛ 白晶菊　　⊗ 龙面花（蓝色）
△ 银叶菊　　● 三色堇

※白晶菊和银叶菊之间种有郁金香。

---

> 🌿 **从夏季到秋季的花坛**

蝴蝶草的深蓝色在一片绿色当中格外引人注目。

---

> **植栽图**  从夏季到秋季

△ 锦紫苏　　● 蝴蝶草（蓝色）
☆ 五星花　　● 大戟属植物
△ 银叶菊

---

# 浓密的花田中

> 🌱 **从冬到夏的花坛**

12月

眼前的三色堇和里面的白晶菊，花朵还有那么一点点。

▼

3月

三色堇和白晶菊的生长趋势猛增。

▼

4月下旬

花坛里满是盛开的花朵，按照里面高、外面矮来种植，一目了然。

---

# 叶牡丹→矢车菊

# 夏天与春天突然间地转变

🌿 从冬季到春季的花坛

🌿 从冬季到春季的花坛

12月

花之间种有叶牡丹。

3月

叶牡丹盛放过后的样子。

4月
下旬

12月

种植了一年生草本植物的秧苗。

3月

柳穿鱼的花朵变多。

4月
下旬

除去叶牡丹之后种植矢车菊。还要等些时日才能开花，但开花前那向上生长的草姿，俨然成了花坛的焦点。

栽种的郁金香已经开花，所有的植物都竞相开放，构成一幅美丽的景象。

**植栽图** 从冬季到春季

- ⊗ 金盏菊（橙色系）
- △ 叶牡丹（白色）（→矢车菊，蓝色）
- ◎ 大花三色堇（藤色）

**植栽图** 从冬季到春季

- ★ 郁金香（橙色、黄色）
- △ 柳穿鱼（黄色）
- ⊗ 金盏菊（橙色系）

※郁金香与柳穿鱼的里面种着银叶菊。

🌿 从夏季到秋季的花坛

🌿 从夏季到秋季的花坛

8月

锦紫苏的叶色从红到黄很好地过渡。

8月

通过配色与利用饱满的叶子，构成清凉感与视觉冲击感共存的空间。

**植栽图** 从夏季到秋季

- ▲ 锦紫苏（红色）
- ▲ 锦紫苏（黄色）
- ◎ 百日草（黄色、橙色）
- ◉ 金盏菊

**植栽图** 从夏季到秋季

- ▲ 锦紫苏（黄色系）
- ▲ 锦紫苏（橙色系）
- ◎ 万寿菊
- ★ 蓝花鼠尾草（蓝色）

—— 案例 4 ——

# 利用种子自然成熟掉落的花坛

🌱 从冬季到春季的花坛

12月

地表上的花草还很少。

3月

追加栽种了花毛茛和蕾丝花。

4月下旬

金鱼草之间因种子成熟掉落的勿忘草也整齐地开放着，鲜花地毯完美制作完成。

> 植栽图　从冬季到春季

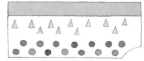

▲ 金鱼草（黄色）　● 三色堇
● 大花三色堇

※金鱼草之间种有郁金香球根。

🌱 从夏季到秋季的花坛

红色＋黄色与蓝色＋米色达到绝妙的平衡。

8月

> 植栽图　从夏季到秋季

▲ 串红（粉色、红色）
◎ 金盏菊（米色）
● 金盏菊（橙色）
△ 藿香蓟（青紫色）
◉ 秋海棠（红色）

---

正方形花坛 **的种植要点** 🖊

1 **外面种植矮植物，里面种植高植物**
与圆形花坛一样，从里面到外面，按照从高到矮种。植物各自都会有阳光照射。

2 **蜿蜒种植**
每列植物确定后，不按直线种，蜿蜒种植，长大后混合在一起，有一种大自然的氛围。

3 **让主角不断变化**
混合种植开花时间和生长速度不同的植物，不同时期不同主角。

4 **想象植物长大后的样子**
了解秧苗的状态和花、叶的最盛期的状态，想象植物长大后整体会变成什么样。

Q 如何选择植物？

A [井上老师]
不要种植相同的花形和草姿，要选择富于变化的植物组合。将植物生长记录到花坛日记中，之后也能作为参考。

Q 怎样组合颜色才好？

A [井上老师]
首先，确定花坛的主颜色。根据主颜色是温柔色系还是明亮色系，来选择组合的颜色。已经明确颜色的组合，也可以根据各个颜色的量的多少来平衡一下。

# 树篱脚下也能造出花坛

如果有树篱，试着利用一下它的脚下吧。

即使只有一点点进深宽度，也能让它变成一个美丽的花坛。

在阴暗的常绿树脚下，种植了明亮花色的雏菊。

雏菊的植株一点点变大，花朵也慢慢增多。

与雏菊一起种植的颜色鲜艳的美丽郁金香也绽放着。以常绿树的叶子为背景的花坛更加绚丽了。

植栽图

⭐ 郁金香

🔵 雏菊（红色、粉色）

南天竹

6月

6月的花坛中，宿根草的花盛开着。

※红色框内的植物名和号码，是一年生草本植物，其他的是宿根草。

---

不需要打理

## 3 宿根草中心的花坛

宿根草，数年间叶子逐渐变大，也会开花，是庭院建造中的植物瑰宝。

**错开花期，延长观赏时间**

　　根据花坛要花费的打理时间的长短，来决定宿根草的种植比例。由于宿根草多数花期较短，所以组合种植一些花期不同的宿根草，以及叶子值得欣赏的植物，观赏时间就会大大延长。

> 主要的植物

1 宿根马鞭草 2 百子莲 3 葱属植物 4 山桃草 5 新风轮
6 天门冬 7 报春花 8 定家葛 9 莲 10 大戟 11 千鸟草
12 红花玉芙蓉 13 金丝梅

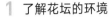

## 宿根草中心的花坛　种植要点

**1 了解花坛的环境**

宿根草种类繁多。首先要了解花坛的环境，如光照、干燥情况、通风等。

**2 把握好花期后栽种**

宿根草的花期多数是初夏和秋季。把握各种宿根草的花期，均衡地种植。

**3 选择叶子形状、草姿、质感都不同的植物**

宿根草与花相比，其叶子形状、质感、整体的草姿都很有特征。考虑利用宿根草的这些特点来组合种植吧。

**4 一年生草本植物与球根植物组合种植**

宿根草的花开得少时，或者地上比较寂寥时，就组合种植一些一年生草本植物和球根植物吧。

花穗向上帅气地生长着的虾膜花，和开满黄色花朵的金丝梅，在花坛中展现出大大的存在感。

4月下旬的花坛中，明亮的春天的花朵开在植株还尚小的宿根草之间，增添了很多色彩。大戟属因为花开之后种子自然掉落在地，所以每年都会如期盛开。

---

**Q 怎样选择植物？**

**A** 宿根草是一种可以选择多种生长环境的植物。种类丰富的一年生草本植物中，喜好少量背阴以及半日阴的也很多见。种植适合环境的植物，就不用打理，可以长时间保持一个丰富多彩的空间。

**Q 颜色怎么组合比较好？**

**A** 宿根草的花朵给人的印象是除了白色和朴素颜色的较多外，鲜亮的颜色和中间色调的也很多。与花的颜色一样，其叶子的颜色从亮到暗，各式各样。

# 美丽的
# 玫瑰花庭院

想把玫瑰花种在庭院内的人应该有很多。
即便空间狭窄，在种植过程中也有很多事情让
你感到快乐无比。对于玫瑰花培育过程中会产
生的疑问，我们请教了松田行弘老师。

如果是细长的过道，也可以将玫瑰花的枝条引成拱门的样子，还省下了放置拱门的空间。　　　　　　🏠 高桥府邸

---

也可以选择四季都能开花的品种

　　玫瑰花是一种栽种到很小的地方就能长成很大面积的小庭院
中极易种植的植物之一。最近，不仅仅是初夏，四季都能持续开
花的品种也多了起来。如果种植攀缘性玫瑰花，可以让它攀缘生
长在房子的墙壁上、护栏上、入口处放置的拱门上、藤蔓架以及
车棚上等。直立生长的玫瑰花，则也可以盆栽或者作为亮点栽种
到花坛的角落处。

**Q** 最低限度的养护是什么？

**A**　玫瑰花虽然给人一种养护起来比较费事的印象，
[松田老师] 但实际上非常好打理，即使叶子被害虫全部吃
掉了，第二年还是会开花。所以不要太紧张，
果断修剪就可以。决定伸展范围，保留充实的
树枝，将旧的树枝和脆弱的树枝清除即可。

# 1 拱门·方尖碑

🌿 蓝茉莉

🌿 拱门

🏠 K 府邸　　　　　　　　　　🏠 更冈府邸

---

**Q** 有多大空间可以地栽？

**A**〔松田老师〕 直径 30cm 的空间就足够。如果 30cm 很难保证的话，15~20cm 的空间里，也可以栽种玫瑰花秧苗。如果没有栽种的地方，也可以到直径和高度都是 30cm 的花盆里。

**Q** 拱门上能同时生长多种玫瑰花吗？

**A**〔松田老师〕 如果要栽种多种玫瑰，与扩张力大的攀缘性玫瑰花相比，选择半攀缘性蔷薇系会更好。因为要从下往上看，所以推荐树枝垂落下来开花的那种。在花茎未混绕在一起的地方进行修剪的话，修整起来也很容易。

🌿 **拱门**

选择爱开花、花枝较细的柔软的容易引导的品种。

🌿 **方尖碑**

即使狭小空间，也能轻松地将攀缘性玫瑰花引导上来。将花栽种到方尖碑的外侧，将花枝引导成螺旋状。

## 2 巧妙利用墙面

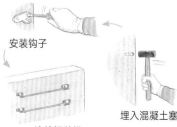

安装钩子

连接钢丝绳

埋入混凝土塞

### 通过拉钢丝来引导

让玫瑰花在墙面上攀缘生长，最重要的是引导。如果可以的话，在较大范围内，横向拉几根钢丝。使用电钻在墙壁上打孔，埋入混凝土塞，安上钩子将钢丝连起来。打不出孔时，使用攀爬网。

1 紧挨着房子墙壁的地方栽种的玫瑰花，装饰着窗边。很多玫瑰花和铁线莲构成了一处华丽的风景。

2 利用入口旁边的墙壁，向上伸长。花枝容易垂直伸长的大朵玫瑰花，映射在墙面上。

3 将围栏的面划分开，每个面都变成了很多玫瑰花容易生长的空间。

# 3 从花盆向外扩展生长

① 神村府邸

② 更冈府邸

③ 高桥府邸

1 在花箱内栽种时，由于根须生长受限，所以不会生长得过大，修整起来也比较容易。

2 担心通风不好的地方，把花盆放到用砖块垒得很高的地方。

3 装饰着入口处的玫瑰花，栽种玫瑰花的地方是门口两侧放置的花盆。仅是从这么一点点的种植空间，长成这么一大片。

## 栽种适合放置在花盆中的植物

在花盆或花箱内栽种时，推荐耐热耐干旱、爱开花的品种。根据放置的场所，选择一些背阴环境下也能生长的植物吧。栽种时或花朵凋落后，通过施肥来加速其开花的进程。

**Q 使用花盆或花箱栽种时的注意事项？**

A [松田老师] 花盆过小，2~3 年根须布满花盆，花朵变小，容易生病。推荐使用大花盆栽种，或者两年一次休眠期剪枝的同时切断根部，移栽到新的土壤中。

**Q 长得太大怎么办？**

A [松田老师] 当木香花等长得太大处理不了的时候，毫不犹豫地从植株根部切断。切口处涂抹愈合剂。花枝马上就会生长，两年后也会长出花蕾。

# 能享受到
# 果实的庭院

小庭院里也可以种植果树，可以尽情享受花朵、果实、收割带来的快乐。在享受完眺望花开、结果的样子带来的快乐之后，就是翘首以盼的收获季。

🏠 神村府邸

小屋白色的墙壁上，绿色的叶子，红色的果实，十分好看，像一幅美丽的风景画。

## 不会长得过大，花朵和果实都可观赏

原本，庭院里栽种的果树都是以收获果实为主要目的的。最近，把花朵和果实都作为庭院的景色之一，与其他树木和花草相互融合的庭院建造成为主流。为了能够既赏花，又轻松地收获果实，就需要在其生长过程中对其剪枝，避免长得过大。葡萄、黑莓、树莓、猕猴桃等攀缘性果树缠绕在围栏和藤蔓架上的话，就能在极小的空间享受果实带来的快乐。

**Q** 种植后第几年可以食用？

**A** 如果从幼苗开始栽培，柿子、桃子以及梅子等会长得很大的果树，直到收获果实，最少也得需要 2~3 年。以蓝莓、六月莓为代表的浆果类，以及柑橘类，从种植的那年开始就会结很多果子，并且能轻松地够到，推荐种植。

# 1 攀缘性果树

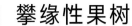

Blackberry

黑莓

Grape

葡萄

① 🏛 神村府邸

1　浆果当中生长旺盛的是黑莓。现在还是红色的黑莓果，接下来会变得黑亮。

2　顺着柱子向上生长的葡萄。屋檐下已经拉完钢丝绳，等待着它爬过来。

3　葡萄栽培也已是第 4 年。摘果和套袋等作业，一家人一起完成，其乐无穷。正因为如此，收获葡萄时的感动也会格外令人难忘。

---

**Q　最低限度的必要剪枝？**

A　果树种类不同，剪枝方法不同，不能一概而论，如果一家人都想享受剪枝的过程，可以等到生长得过大之后再剪。剪掉枯萎的枝条和拥挤的地方，改善一下通风。想要多结果实，就需要在适当的时期按照品种进行剪枝。

**Q　为了让它结果，需要施的肥？**

A　想让果树快点儿结果，就要想着多多地施肥，但是在小树阶段施肥过多，会使其光长枝叶，反而不会结出很多果子。在结出许多果子之前，要少量施肥，在果子开始变多的时候，一点一点地增加施肥量。另外，施氮过多，叶子会生长过密，应多施一些磷酸和钾。

# 2 盆栽

① 更冈府邸

② 更冈府邸

🏠 神村府邸

Strawberry

## 草莓

Fig

## 无花果

1　在草莓花盆（正如其名字一样）两边侧袋的地方种上草莓。上面是橄榄和花草的组合盆栽。

2　红色的草莓，在绿色的庭院中成为吸睛的点缀。

虽然等待也会让人快乐，但是也有像无花果这种短时间内就能吃到的水果，是一件令人欣喜的事情。从开始结果时，空气中就飘着甜甜的香气。

### 紧凑地生长，结果也很早

可以不需要生长得过大，也会很早结果的盆栽，最适合小庭院。搬运起来很容易，也可根据光照等环境的变化进行移动。如果因为不结果而替换大花盆，就会光长根枝，结果会更晚。攀缘性葡萄也可以盆栽。在后面放置一个棚架进行引导即可。

**Q**　盆栽需要注意哪些？

**A**
（松田老师）

很多果树从幼苗开始就在盆里培育，细根会变多，会逐渐拥有紧凑型生长的特性，所以即使在盆里也能充分享受尽情生长。但是，为了保持地面的大小和果实收获，让我们每 2~3 年去掉一次旧根并重新种植。此外，由于肥料很容易在盆栽中耗尽，因此需要从春季到秋季进行少量多次施肥。

享受花、果、姿

# 3 作为庭院树木

Juneberry

**六月莓**

Blueberry

**蓝莓**

1 春天开白色的花，初夏结出红色的果实。

2 容易栽培，作小庭院的象征树最为适合。

白色围墙和小屋墙壁的背景下，青紫色的果实映衬得很美。

神村府邸

## 植株长大后进行整理

矮树在收获果实时也很轻松，可以和孩子一起享受采摘。即使不剪枝或修枝，也会结果实，但是 6~7 年后，树枝越来越大，旧的树枝也会增多，此时需要进行修剪。因其喜欢通风好的地方，所以种植的场所选择不拥挤的地方。

**Q** 为了结出果实，最好种植 2 个品种的植物怎么选择呢？

**A** 蓝莓和黑莓、葡萄、金橘、柠檬、无花果等，即使只有一棵也能结出果实。李子、樱桃、梅子，不与异种授粉，不结果实，所以需要近距离种植 2 个品种。另外，猕猴桃的雌雄株不同，所以雌雄各需要一株。

# 充满绿色的庭院

如果想要增添更多绿色，胡乱栽种也会变成不整齐不统一的空间。找一找可以过渡绿色的植物吧。

高木、中木、灌木巧妙组合，一个有高度差的空间。朱顶红的花朵成为点缀。　　　　🏠 井泽府邸

## 常绿树、落叶树保持了很好的平衡

　　树木在风中摇曳，想在漏叶日光下放松一下……即使是小小的庭院，也能实现这样的梦想。如果一味地选择常绿树充当围墙，就会使整个院子变得阴暗；如果想享受四季而一味地选择落叶树，就会在冬天变成寂寞的庭院。最近，给人清爽感觉的常绿树也增多了，所以要均衡种植。树木的生长速度出乎意料地快，所以提前预测几年后、10年后的样子进行树木配置是很重要的。

**Q** 如何预测植物的生长呢？

**A** 栽种植物的生长速度如何？是枝叶横向展开生长，还是紧凑地向上生长，或者爬行生长？某种程度上，生长方式可以通过植物图鉴提前预测。但是，因其存在于大自然，所以根据光照情况、土壤性质、与相邻植物的关系等，也会有意想不到的生长方式，因此观察是必不可少的。

[松田老师]

# 1 小道两侧的绿色植物

## 杂木丛生的小道

小道两旁种着树木，枝叶在头顶上呈拱形。如果要保持小道的明亮度，需要修剪一下枝叶，防止其过于茂盛。

🏠 熊泽府邸

## 铺路石的点缀

随机而有规律地铺设的石头，走在路上的时候带给人兴奋感。一点点扩大的地被植物也颇具魅力。

🏠 西村府邸

---

**Q** 小道用什么样的材料好呢？

**A** 材料不同，小道的氛围也会改变。如果是铺路石（小立方体石头），会产生让人联想到欧洲的乡村。平板路会让人感受到整齐之美，枕木会唤起人的怀念之情。小路上感受到的故事，通过材料从而使其变得丰满。
［松田老师］

**Q** 如何在小道上突出重点？

**A** 通过把小道做成曲线，让人感觉到其进深，或者在直线的小道两侧交错地布局高大树木，从视觉上好像小道变长了。另外，在小道的前方放置花盆或艺术品，形成聚焦点，反之通过看不到前方的布置方法，也能产生被吸引的感觉。
［松田老师］

## 2 沿着树木连接绿色

大山府邸 **1**、**2** 神村府邸

## 确定符号树

1　这个庭院的象征树是里面的高木光蜡树。主角
　　是左侧黄绿色叶子的大柄冬青。

2　在高度只有 10cm 的抬高苗床上，也能舒展
　　生长的分株的六月莓是象征树。白色的花和红
　　色的果实也是乐趣之一。

以树木为核心，按顺序种上植物

要想打造出美观的庭院，植物的选择是关键。
如果是使用树木，首先要决定作为主角的象征
树，其次选择连接其他植物的中间树，然后决
定树木脚下的灌木和地被植物。最后加上连接
上下空间的纵向延伸的植物，进行收紧。

专栏

## 角落也是绿色

H 府邸

将原本设置的黑色围栏改
成木质围栏后，封闭的空
间变得明亮了。

F 府邸

这是一个纵向 1.1m、横向
2m 的极小空间。即使是
小的地方，树木也要以灌
木、矮草为基本构成要素。

# 第五章

CHAPTER 5

想作为参考！
# 享受四季变化的
# 小庭院建造

既然建了庭院，就应该尽情享受四季的乐趣。从小花盆、花箱、庭院角落建造的花坛中感受到四季的植栽技巧，这是园艺师井上华子老师教给我们的。

# 在很小的空间里
# 表现四季的技巧

在小小的庭院里也想尽情感受四季的变化。我向园艺师井上华子老师
请教了在小花盆和花坛里也能欣赏四季美景的种植技巧。

步骤
1

## 用花盆和花箱
## 享受四季的变化

01　小花盆

02　放在露台上的花箱

03　装饰玄关旁的花箱

04　装饰窗下、墙壁、栅栏

首先，让我们来观察一下种在花盆或花箱里的
植物一年中的变化。即使只在一个花盆里，也
能观察季节的变化。请关注一下那个时期的主
角会是什么，会有怎样的姿态表现。

步骤
2

## 在小花坛里
## 欣赏四季的花草

01　玄关旁的小花坛

02　围墙下的花田

接下来，让我们观察一下小花坛里四季的变化。
以宿根草为基础，考虑一下它们何时会长大、
如何开花，在此基础上选择植物。使用叶子宽
大的植物或匍匐生长的植物，轻轻地覆盖在花
坛的边缘，就会形成自然的氛围。

**本章的使用方法**

为了使用多种植物，一年四季都能欣赏到花和叶，适当地把握花和叶最美的时期和需要移栽的时期是很重要的。如果能照顾到整个庭院，就能拥有一个四季美丽的庭院。先从小世界里品味四季开始，逐渐练习把目光投向更大的世界吧。也请参考在花盆和花坛等栽种的主要植物的栽培日历 ( 以日本关东地区为基准 )。

步 骤
## 3

## 创造聚焦点，种植四季花草

01　以立式花盆为中心

02　围住主要的花

即使是小庭院，也需要聚焦点。当你为如何营造它而烦恼时，以立式花盆或大株植物为中心整理周围花草的方法既简单又有效。

步 骤
## 4

## 种子的获取方法球根种植方法和养护

01　取种・播种

02　盆栽・植苗

03　种植球根

04　各种关照

为了不让小庭院里的花绝迹，在适当的时期种植和照料是很重要的。如果想继续培育花草，每次都购买花苗会增加成本。自己摘种子培育幼苗也是一件很开心的事情。

# 用花盆和花箱来享受四季的变化

## 01 小花盆

为了感受四季,第一步是用花盆或花箱进行混栽。从数量少的花开始吧。

春
蓝翠雀花
飞燕草

夏
木茼蒿
雏菊

这个花盆的主角是雏菊和小花矮牵牛。以这些花盛开的时期为基础,寂寥的时期由锦紫苏等一年生草本植物来增添色彩。一年生草本植物可每年变化。

秋
雏菊
半边莲
锦紫苏

### ❀ 栽培日历

| 植物名 | 种别 | 1 | 2 | 3 | 4 | 5 | 6 | 7 | 8 | 9 | 10 | 11 | 12 |
|---|---|---|---|---|---|---|---|---|---|---|---|---|---|
| 雏菊 | 宿根草 | | | | | | | | | | | | |
| 飞燕草 | 一年生草本植物 | | | | | | | | | | | | |
| 小花矮牵牛 | 宿根草 | | | | | | | | | | | | |
| 半边莲 | 一年生草本植物 | | | | | | | | | | | | |
| 锦紫苏 | 一年生草本植物 | | | | | | | | | | | | |

▨ 栽种时期　▨ 花期・锦紫苏是叶子的观赏期

可以选择比花盆略大的四方形花箱，它十分适合放在露台上。

天竺葵盛开的样子

将威士忌的酒桶切成两半做成的花箱。春天三色堇盛开，秋天金盏花盛开。

花盆的周围种满了天竺葵，总是被叶子覆盖着。一到6月，鲜花怒放，那真是太漂亮了。

## ✿ 栽培日历

| 植物名 | 种别 | 1 | 2 | 3 | 4 | 5 | 6 | 7 | 8 | 9 | 10 | 11 | 12 |
|---|---|---|---|---|---|---|---|---|---|---|---|---|---|
| 天竺葵 | 宿根草 | | | | | | | | | | | | |
| 婆婆纳 | 宿根草 | | | | | | | | | | | | |
| 三色堇 | 一年生草本植物 | | | | | | | | | | | | |
| 万寿菊 | 一年生草本植物 | | | | | | | | | | | | |
| 串红 | 一年生草本植物 | | | | | | | | | | | | |

▦ 栽种时期　▪ 花期

**5月** 从三色堇中间伸出来的郁金香开花了。郁金香的球根如果在秋天种植，三色堇开始开花的时候，它的茎就会迅速生长。

**6月** 三色堇还有很多花盛开着。郁金香花开完了，花盆里有些冷清，但背后的花又开始开花，整体看是一片完整的景象。

**7月** 天使花和玫瑰花开始绽放了。玫瑰是易于养护、花形好的"修景玫瑰"白梅地兰。三色堇谢了之后，换成了矮牵牛。

### ✿ 栽培日历

| 植物名 | 种别 | 1 | 2 | 3 | 4 | 5 | 6 | 7 | 8 | 9 | 10 | 11 | 12 |
|---|---|---|---|---|---|---|---|---|---|---|---|---|---|
| 郁金香 | 球根植物 | | | | | | | | | | | | |
| 三色堇 | 一年生草本植物 | | | | | | | | | | | | |
| 玫瑰花 | 落叶低木 | | | （大苗） | | | | | | | （大苗） | | |
| 天使花 | 多年生草本植物 | | | | | | | | | | | | |
| 矮牵牛 | 一年生草本植物 | | | | | | | | | | | | |

▨▨▨ 栽种时期　▨▨▨ 花期

窗下、墙壁、栅栏的装饰方法也多种多样。花箱可以和放在里面的花盆一起更换。

[ 窗下 ]

4月

6月

8月

窗下设置的花箱罩为手工制作，里面是按季节进行更替的市面上销售的花盆培育的花。4月栽种三色堇，6月栽种砖红蔓赛葵，8月换成小花矮牵牛和新风轮的花箱。

[ 墙壁 ]

①

③

②

1　用庭院里的植物做成花环。

2　把紫色和白色的三色堇做成吊篮挂在窗下。

3　设置格子木架，圆盾状忍冬在上面攀缘生长。

[ 栅栏 ]

将当季的花做成的吊篮，与从栅栏外伸进来的铁线莲争芳斗艳。

# 在小花坛里欣赏四季的花草

学会了四季花盆的制作之后，就该建造花坛了。首先从玄关旁边等小空间开始吧。

## 玄关右侧

早春

初夏

**栽种前确认是否会淋雨**

玄关旁边的空间是来客一下子就能看见的地方。为了让来客心情愉悦，可装饰一些花朵。可以通过放置方尖碑等，让攀缘性植物盘在上面生长，进而营造出立体感。檐下，根据屋顶房檐的长度，有时候雨水会流下来，所以在种植之前先观察一下，如果会淋雨，可选择常绿地被植物。

用五颜六色的三色堇点缀着花坛。宿根草还是小嫩芽，正在用尽全力储备生长力量。

宿根草的米迦勒雏菊已经长高了。浅色的可爱的小花在风中摇曳。

## 玄关左侧

春

夏

秋

在三色堇之间种植的宿根草的腺毛肺草，在花坛中蔓延开来。整体高度还是很低的状态。

花告一段落，各种各样花草的叶子渐渐长大了。其中，孔雀草迅速长高，给花坛带来了新的变化。

孔雀草开着白色的花，花坛的正面整洁且饱满，很有观赏性。

# 小花坛的变化

在玄关旁边的小花坛里看看季节的变化吧。即使是同一个地方，
也要考虑到季节不同，日照也会不同。

三色堇、腺毛肺草正在开花，高度还很低。叶子还没
怎么长。一片万物复苏的景象。

清凉的小花镶嵌在边缘。植株出现了高度差。

多彩的不同形状、大小的叶子在同一空间里和谐地融
合在一起。生长过高时要进行修剪。

花坛边缘种植的锦紫苏的红色可以作为点缀。已经长
高的米迦勒雏菊继续绽放着。

## ✿ 栽培日历

| 植物名 | 种别 | 1 | 2 | 3 | 4 | 5 | 6 | 7 | 8 | 9 | 10 | 11 | 12 |
|---|---|---|---|---|---|---|---|---|---|---|---|---|---|
| 三色堇 | 一年生草本植物 | | | | | | | | | | | | |
| 腺毛肺草 | 宿根草 | | | | | | | | | | | | |
| 勿忘草 | 一年生草本植物 | | | | | | | | | | | | |
| 鹅河菊 | 宿根草 | | | | | | | | | | | | |
| 孔雀草 | 宿根草 | | | | | | | | | | | | |

栽种时期　　花期

| 植物名 | 种别 | 1 | 2 | 3 | 4 | 5 | 6 | 7 | 8 | 9 | 10 | 11 | 12 |
|---|---|---|---|---|---|---|---|---|---|---|---|---|---|
| 马鞭草 | 一年生草本植物 | | | | | | | | | | | | |
| 天竺葵 | 宿根草 | | | | | | | | | | | | |
| 米迦勒雏菊 | 宿根草 | | | | | | | | | | | | |
| 白日菊 | 一年生草本植物 | | | | | | | | | | | | |
| 锦紫苏 | 一年生草本植物 | | | | | | | | | | | | |

栽种时期　　花期・锦紫苏是叶子的观赏期

## 02 围墙下的花田

围墙是花坛的绝佳背景。前面种矮的，里面种高的。在宿根草的基础上增加了一年生草本植物的华丽感。

春

初夏

夏

秋

**春** 郁金香一下子从前面的低低的三色堇后面伸出来，绽放出五颜六色的花朵。

**初夏** 寒凉的土壤中，三色堇还在继续绽放。在它的后面，宿根草的茎正在生长。

**夏** 虽然夏季植物开始绽放了，但是浅色花占的比例比较多，所以至今为止对季节的印象没有太大的改变。

**秋** 左右两边都是蓝色的锥托泽兰。修剪过的花草此时也会再次长高。

**右侧的围墙** ✿ 栽培日历

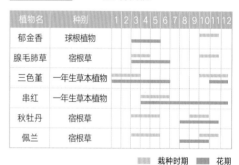

| 植物名 | 种别 | 1 | 2 | 3 | 4 | 5 | 6 | 7 | 8 | 9 | 10 | 11 | 12 |
|---|---|---|---|---|---|---|---|---|---|---|---|---|---|
| 郁金香 | 球根植物 | | | | | | | | | | | | |
| 腺毛肺草 | 宿根草 | | | | | | | | | | | | |
| 三色堇 | 一年生草本植物 | | | | | | | | | | | | |
| 串红 | 一年生草本植物 | | | | | | | | | | | | |
| 秋牡丹 | 宿根草 | | | | | | | | | | | | |
| 佩兰 | 宿根草 | | | | | | | | | | | | |

■■■ 栽种时期　■■■ 花期

**左侧的围墙** ✿ 栽培日历

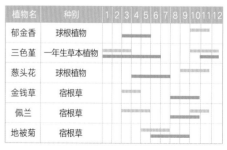

| 植物名 | 种别 | 1 | 2 | 3 | 4 | 5 | 6 | 7 | 8 | 9 | 10 | 11 | 12 |
|---|---|---|---|---|---|---|---|---|---|---|---|---|---|
| 郁金香 | 球根植物 | | | | | | | | | | | | |
| 三色堇 | 一年生草本植物 | | | | | | | | | | | | |
| 葱头花 | 球根植物 | | | | | | | | | | | | |
| 金钱草 | 宿根草 | | | | | | | | | | | | |
| 佩兰 | 宿根草 | | | | | | | | | | | | |
| 地被菊 | 宿根草 | | | | | | | | | | | | |

■■■ 栽种时期　■■■ 花期

## 左侧的围墙

**春** 花坛里的郁金香全是白色的。

**初夏** 整体都长高了，变得绿意盎然。

**夏** 金钱草的红色花让人感受到秋天的气息。

**秋** 攀爬在围墙上的铁线莲种子也构成了一道风景。

## 右侧的围墙

**春** 用花瓣尖尖的郁金香展示出灵动。

**初夏** 交错种植的三色堇混杂在一起，郁郁葱葱。

**夏** 鼠尾草直线般的身姿在努力吸引人们的视线。

**秋** 从夏天到秋天的花都开齐了。

# 创造聚焦点，种植四季花草

## 01 以立式花盆为中心

让小空间变成精彩的地方，简单又简单的方法就是放一个立式花盆，周围用植物围起来。

三色堇
鹅河菊
地中海蓝钟花
三色堇

加州蓝铃花
三色堇
鹅河菊
大戟

**春** 雏菊、三色堇、鹅河菊的花朵盛开。立式花盆的里面和外面都使用了相同的花，营造出和谐感。

**初夏** 三色堇、鹅河菊继续绽放，加州蓝铃花开始开花。大戟等赏叶类植物也开始生长。

### 主要在夏天至秋天迎来最佳观赏期的植物

❀ 栽培日历

| 植物名 | 种别 | 1 | 2 | 3 | 4 | 5 | 6 | 7 | 8 | 9 | 10 | 11 | 12 |
|---|---|---|---|---|---|---|---|---|---|---|---|---|---|
| 天竺葵 | 宿根草 | | | | | | | | | | | | |
| 马鞭草 | 一年生草本植物 | | | | | | | | | | | | |
| 串红 | 一年生草本植物 | | | | | | | | | | | | |
| 蓝目菊 | 宿根草 | | | | | | | | | | | | |
| 万寿菊 | 一年生草本植物 | | | | | | | | | | | | |

栽种时期 ■ 花期

### 主要在春至初夏迎来最佳观赏期的植物

❀ 栽培日历

| 植物名 | 种别 | 1 | 2 | 3 | 4 | 5 | 6 | 7 | 8 | 9 | 10 | 11 | 12 |
|---|---|---|---|---|---|---|---|---|---|---|---|---|---|
| 三色堇 | 一年生草本植物 | | | | | | | | | | | | |
| 加州蓝铃花 | 一年生草本植物 | | | | | | | | | | | | |
| 鹅河菊 | 宿根草 | | | | | | | | | | | | |
| 木春菊 | 宿根草 | | | | | | | | | | | | |
| 大戟 | 多年生草本植物 | | | | | | | | | | | | |

栽种时期 ■ 花期

夏天的花，马鞭草和天竺葵成为
主角。花盆下的蓝目菊也伸出穗
尖儿，围着花盆。

串红

马鞭草

蓝目菊

木春菊

天竺葵

马鞭草

木春菊

天竺葵

马鞭草

布洛华丽

串红

万寿菊

万寿菊

在夏天还很低的鼠尾草、天
竺葵等长势良好。上面的照
片是去年秋天的样子。万寿
菊让整个世界变成了橙色。
种植不同的一年生草本植物，
就能看到每年的变化。

如果一年四季都能欣赏到植株的变化，不妨以此为主角，创造空间。这里的主角是绣球花。

春

初夏

夏

秋

**春** 绣球花依然保持着过冬的姿态。已变成干花的前一年的花和枯枝就像艺术品一样。脚边种着鹅河菊。

**初夏** 绣球花及其周围也是一片越来越浓的绿色。脚下天竺葵的小花开始绽放。

**夏** 绣球花满满地绽放，给人一种震撼的感觉。脚下的百日草开始绽放，与绣球花的白色形成了鲜明的对比。

**秋** 过了花期，花就会变成黄绿色，之后，就会变成古色古香的颜色。欣赏枯萎姿态时，剪枝要在春天发芽之前进行。

### ✿ 栽培日历

| 植物名 | 种别 | 1 | 2 | 3 | 4 | 5 | 6 | 7 | 8 | 9 | 10 | 11 | 12 |
|---|---|---|---|---|---|---|---|---|---|---|---|---|---|
| 绣球花 | 落叶低木 | | | | | | | | | | | | |
| 天竺葵 | 宿根草 | | | | | | | | | | | | |
| 鹅河菊 | 多年生草本植物 | | | | | | | | | | | | |
| 百日草 | 一年生草本植物 | | | | | | | | | | | | |

▓▓ 栽种时期 ▓▓ 花期

# 种子的获取方法、球根种植方法和养护

为了让院子里的花不断开放，在欣赏眼前花的同时，也要为下一朵要盛开的花做准备。习惯了庭院工作之后，一定要挑战一下取种子。通过反复自己采种，就会形成适合土地的特性。

## 在四季都能赏花的庭院里

1 一年生草本植物由于种子成熟后自然掉落，所以第二年会出很多芽。

2 种植球根的时候，要想象球根会在哪里、以怎样的方式生长。

3 夏天的惊喜是百合花。开花的时候一下子使庭院充满华丽感。

4 如果剪枝的话，就可以多次欣赏花了。

## 正因为是一个小庭院，才更容易面对植物

一年当中，如果栽种一个花盆或者一个花坛，就能感受到随着季节的变化植物是如何变化的。开花，花谢之后种子形成、落地，然后再培育出花，在这样的反复过程中，如果你加入其中，就能更进一步接近自然。另外，如果一直面对花盆和花坛，植物就会向你传达此刻它需要什么。这就是对植物的照料和养护。也许正因为是小庭院，所以才能真正面对植物。

试着自己摘一年生草本植物种子吧。秋天采种后，直到春天播种前，装入信封，放入冰箱保存。

[冠萼蔓锦葵的取种]

花开完以后也不要摘花，要一直放到秋天，等种子成熟后，连枯萎的茎一起剪掉，用指尖按压取种。

[串红]

剪下干枯的枝条，放在纸袋里按压取种，以防小种子飞散。

串红

冠萼蔓锦葵

山百合

弦月

[播种] 秋天采的种子，第二年春天撒在苗床上。

保存种子的信封上不要忘记注明采种日期和品种。以此为基础进行播种。

将播种用的培养基放入播种托盘，将一小撮种子一组一组地撒在土壤上。

在种子上方，用指尖轻轻捏住泥土并撒上。

将托盘摆放在育苗箱中，在箱底灌水。

## 02 盆栽·植苗

育苗箱里的水不要用尽，将幼苗移到花盆里，等幼苗长好后再把幼苗移植到花坛或庭院里。

### [ 盆栽（换大盆）]

长出双叶之后，本叶开始长出时，就是盆栽时期。把健康成长的幼苗一棵一棵地栽到花盆里。

根据品种和温度的不同，播种后数日会长出双叶，一周到十天开始长出本叶。

用镊子将健康的幼苗一根一根地取出。

轻轻地把幼苗放进装有培养基的盆里，用镊子的尖轻轻地盖上土。

同样方法，将幼苗一棵一棵地移到盆里。移完后浇透水。

翠雀

亮毛蓝蓟

麦仙翁

百合

### [ 植苗 ]

长到像园艺店卖的那样大时，就可以种幼苗了。预先计划好在花坛或庭院的哪个部位种植，然后按计划种植即可。

在要种植的地方，按照盆的大小，在其周围挖几个大洞。

从盆里把带土幼苗轻轻取下来。

将从盆里取出的第1个幼苗放入种植穴内。

从左右两侧掭土铺平，轻轻按住株根让根和土融合。植完幼苗后浇上足够的水。

## 03 种植球根

如果在秋天种植球根，第二年春天天气变暖后，球根就会迅速变大并开花，花坛和庭院也会变得绚丽多彩。在合适的时期种植吧。

## [ 各种球根 ]

| 百合 | 绣球葱 | 郁金香 | 雪滴花 |
|---|---|---|---|
|  |  |  |  |
| 种植在 10—11 月进行。 | 种植在 9—11 月进行。寒冷的地方 10 月之前结束种植。 | 10—11 月中旬种植。种植到阳光充足的地方。 | 球根很小，被称为小球根。在 9—10 月进行种植。 |

## [ 种植百合球根 ]

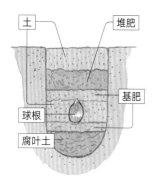

土　堆肥　基肥　球根　腐叶土

1 在要种植的地方，挖 4 个球根般大的深坑。

2 为了使土壤更肥沃，准备了腐叶土和一把基肥。

3 将 2 放入种植坑穴中，为了不让肥料和球根直接接触，用小铲子搅拌均匀。

4 将球根放入种植坑穴 3 中。

5 向 4 里放入少量挖坑时的土，加入少量基肥和堆肥。

6 再撒土，使其深度为 2~3 个球根的深度。

7 根据品种不同，开花时间也不同，一般在 7—8 月开花。

## 种植绣球葱的球根

事先决定好植入的位置。

挖一个深 10cm 左右的植根坑，把球根埋进去，然后盖上土。

6 月左右会开出铃铛形状的花。

## 种植郁金香的球根

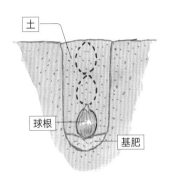
土
球根
基肥

挖 20cm 深的种植坑放入基肥，与土搅拌，然后放入球根。

深度为 2~3 个球根，盖上土。

3—5 月开花。

## 种植雪花莲的球根

要事先决定好种植的位置。

浅地种植，所以种植坑要浅挖。

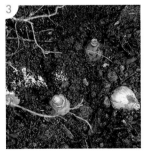
留出 3~5cm 的间隔，植入球根。轻轻盖上土，使土深在 2~3cm。

早春 2—3 月开花。过几年就会像照片上那样繁茂。

## 04 各种关照

为了让花健康地生长，美丽地绽放，我们应该花点儿心思。话虽如此，只要抓住时机进行简单的养护就可以了。

[ **剪枝** ] 想要充实植株使其更容易开花的时候，或者长得太长，植株姿态变乱的时候，就要进行枝和茎的修剪。

日光菊

1 如果能看到植株的新芽，就是健康的证据。此时可以进行剪枝。

2 将剪刀放到全长的三分之一处，剪掉叶子根部偏上的部分。

3 在还不习惯的时候剪枝需要勇气，但它还会旺盛地生长，所以不需要担心。

从剪枝的地方开始，会冒出侧芽，同时会开出很多花。

[ **整理花坛** ] 多年生草本植物和宿根草的枯茎和叶子，要在入冬前除去。

孔雀草

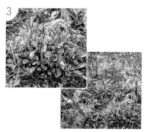

1 秋意渐浓，茎叶彻底干枯了。

2 在离根部15cm左右的地方剪掉枯萎的茎，同时注意不要弄伤小芽。

3 第二年春天，在根部可见长大的"小芽"。在这种状态下度过冬天。

第二年，花就会像这样美丽地绽放。

[ **过冬** ] 即使是耐寒性的宿根草，也会因为寒冷而使叶片受损，所以在寒冷地区要做好防寒措施。

圣诞蔷薇

1 将植株周围的老叶清除干净。

2 把稻草等捆起来的东西盖在植株上，用支架固定。

3 植株覆盖成功，也可遮风挡雪。

在真正的冬天来临之前，做好防寒对策吧。

## 小庭院的种植技巧也适用于大庭院

### 随风摇曳的花草和草坪的精彩表演

在建造大庭院时，也可以使用上文提到的"在很小的空间里表现四季的技巧"。花坛的前侧用较低的花草，从中央到外侧用较高的花草来增加立体感。

除了宿根草，成熟后掉落的种子所生长出来的花草，也对自然的花田的形成起到了重要的作用。如果只有成熟后掉落的种子，花的颜色可能会变淡，所以在喜欢颜色的花盛开时，先进行种子采集，再种进去比较好。在这个庭院里，飞到草坪上的成熟后掉落的种子的花草也被保留了下来，让花坛和草坪有一种自然的联系。

# 庭院是有生命的

庭院的一年就如同人的一生

被从事庭院建设工作的人们称为"园艺达人"的花木老师，把植物的生长比作人的一生。
让我们结合人的一生来看花木老师的庭院一年的变化吧！

**从早春到初夏，变身美丽的庭院**

　　冬天里,地上叶茎枯萎的宿根草战战兢兢地想要长大。早春,
小草终于越长越高。到了春天，每天都有不同的花连续盛开,
院子里充满了生机与朝气。进入初夏的时候，植物的迅猛生长
势头会趋于稳定,庭院的空气也会变得清新。虽然天气越来越热,
但各种各样的花仍在平静的氛围中继续绽放着。

## 每年都在持续同样的事情，默默地用尽全力的植物

　　花木秀夫老师长期生活在日本东京某溪谷的树林中。随后花木老师搬到住宅区，开始了 10 年之久小庭院的建造。好像每天从庭院出来时都有一种感受：庭院的一年就像人的一生。就像我们无法选择自己的父母一样，园艺店出售的秧苗也无法选择庭院的主人。是精心地培育，还是因为厌倦这种照顾而放任不管？

　　被买走的幼苗和庭院主人开始一起成长。虽然栽种时植株很小，但植株一点点地长大，它生长的速度逐渐变快，并开了许多花朵。开花结束后，一年生草本植物结籽落地，宿根草开始为第二年做准备。第二年，比日历都准确地重复着同样的事情，不知不觉中，植株悄然黯淡，耗尽精力，就如同人一样，慢慢过完一生。当意识到这一点，植物就变得更加惹人怜爱了。

# [ 2 月 的 庭 院 ]

## 幼 儿 时 期 的 庭 院

植物非常小，这个时期也可以看到庭院的全貌。

每一株植物都沐浴着阳光。

1　筋骨草A的深色叶子呈放射状。

2　肾形草B也紧贴地面生长着。

3　天竺葵C、暗色老鹳草D、蓟E的植株还都很小。


### 力量来源于特殊的土壤和肥料

在这个人都会瑟瑟发抖的时期，庭院里可以看到一些小的叶子和前一年种植的一年生草本植物的花。乍一看，整个冬天好像都是植物很少的寂寞庭院，但实际上每一棵植物都在为自己的下一步生长储备力量。力量来源于特殊的土壤和肥料。花木老师家庭院中的植物以令人惊讶的速度生长，除了因为有浓浓的爱意之外，还因为使用了特殊的土壤和肥料。

选择手拿着有重量的秧苗，挖一个是秧苗一倍大小的植苗坑，放入经过反复试验得出的备用基肥和秧苗。盖上土后，在离苗根部 2~3cm 的地方施固形肥料。之后再淋上大量的水，但这并不是结束。用木醋液浇在每一株苗上，几日之内就能提供植物活性成分。每次种植的时候都这样做，这样整个院子的土壤就会变得肥沃。

# [ 4月初的庭院 ]

## 少年时期的庭院

一点点热闹起来的庭院。有生长得早的，有还没长的……

交相辉映，共同成长。

### 在建造花园的初期，就考虑其骨架

三色堇等一年生草本植物的植株开始扩大，花的数量也逐渐增加。宿根草是庭院的主角，此时也渐渐长高了。与幼儿时期相比，地面逐渐被遮住。

经常被来到这个庭院的人问该从哪开始建造庭院，这个时候花木老师会告诉提问者这样考虑。

首先，决定两三种自己喜欢的能成为庭院骄傲的植物。下图的庭院，发挥这种作用的是山矢车菊、蓟和紫锥菊。 决定种植位置，使它们每年都在固定位置上开花。这是花园的骨架。骨架确定后，观察一下庭院的光照情况，光照好的地方选择喜光的植物，光照不好的地方选择即便没有日照也能茁壮成长的植物。经过数年，植物的位置就会固定下来了。

1 裂矾根属的红花开放着。

2 猬实 A 开始发芽了。

3 视线还很好的小路。眼前三色堇的旁边，吊钟柳 B 开着白色的花朵。

4 右下的德国鸢尾 C 分株后，长势比去年还要好。旁边区域里的蓝盆花 D 也开始越长越高。

# [ 4月中旬的庭院 ]

## 青春期的庭院

**植物在不断地生长。每个区域都像一片森林。**
**小路隐藏在茂密的植物中。**

1　各种植物聚在一起，形成一个小小的"灌木丛"。
2　蓟Ａ的花茎一下子长出来了。
3　筋骨草Ｂ聚集绽放，像森林一样。小路的对面是日本蓝盆花Ｃ和德国鸢尾Ｄ形成的森林。

### 小庭院建造就是"制作立体模型"

　　春天开花的一年生草本植物，花开得正盛。每次看宿根草，都有很大变化。觉得是刚刚发芽但叶子越来越多的灌木，秋天种的春天里开花的球根植物，一转眼茎就长得很大，还开了花。此时，各种植物就会成团生长。

　　花木老师说，把小庭院想得像立体模型一样，乐在其中。比如三色堇，如果将三色堇的植株扩大，在小庭院里，那就是灌木丛。几株匍匐筋骨草聚在一起就是一个"森林"。按这样的思路进行植物种植，同种植物固定种植株数，立体模型中就会出现山和草原。山和草原的饱满也可通过施肥量进行调节。

　　花木老师说，越是小的庭院越能展现出重叠之美。我想成为立体模型世界里的拇指姑娘，在这个院子里跑来跑去。

# [ 4月下旬的庭院 ]

青年时期的庭院

植物"有点儿变成大人了"，它们此时充满了骄傲感。

正在绽放的花朵也有一些变化。

## 每天早上，确认健康状况

所有的植物都像灌木丛似的，立体模型接近完成。加上一年生草本植物开的花，就连不久前还很小的宿根草也开花了。

花木老师每天早上的工作就是给植物浇足量的水。他说："暂且不说花箱种植的植物，很多人认为不需要给地栽的植物浇水，但与人会口渴一样，植物也想喝水。不要忘记，植物与养的宠物一样，都是有生命的。"种植后进行每月 1~2 次的施肥，根据植物的状态，有时候也不得不加大施肥的频率。每天早上给植物浇水就是对植物进行"出勤确认"。庭院的主人就像班主任一样，确认每一棵植物的脸，检查健康状况，植物有需求就满足它。幼儿园老师、小学老师、初高中老师，随着植物的生长，庭院主人的角色与作用也不断地变化。

1 修剪整齐的庭院里，春天的花朵三色堇 A 依然生机勃勃。

2 树木的叶子也变多了，绿色变得立体了。石板之间的草坪也是翠绿的。

3 猬实 B 开花了。

4 灌木丛脚下开满了小花。

# [ 5—10 月的庭院 ]

## 成熟期 · 准备重生

惊人的生长期过去之后，经过沉稳安静的时间走向秋天。

1 5 月中旬的庭院。渐渐地，绿色越来越浓了，让人感到盛夏已近。虫子在茂密的叶子下生长，准备着去旅行。

2 花木老师最喜欢的黑花风露草 Ａ 的季节到来了（5 月中旬）。这是簇生才有的光景。

3 风铃草的芽。

4 水仙芽（3、4 都是 10 月中旬）。

5 一到 8 月，就能看到金光菊 Ｂ 成簇生长。

## 一年庭院总结

　　穿过景色变幻莫测的春天，一下子沉稳下来，庭院也变成了大人。花木老师说，虽然很美，但也是结束的开始。在植物开始为第二年做准备之前，必须提前一步，为第二年、第三年做准备。

　　庭院的主人首先要对这一年的庭院做个总结。在植物还保留着精气十足的姿态时，调整植物的位置，将不适合在原位置的植物调整到适合的位置。花开过后就会结种子，想要用种子成熟掉落来增加数量，就要刻意保留花梗。树木马上要变得茂盛郁葱。脚下的宿根草越来越难被太阳照到。灌木要进行强行修剪，让宿根草获得阳光。在迎来成熟期之后，除了浇水、施肥之外不做别的，为昆虫提供了栖身之所。它们在这个院子里产的卵，也会在入冬前变成成虫离开这里。

# 小庭院的植物

※（　）内是本书中的刊登页和手册刊登页

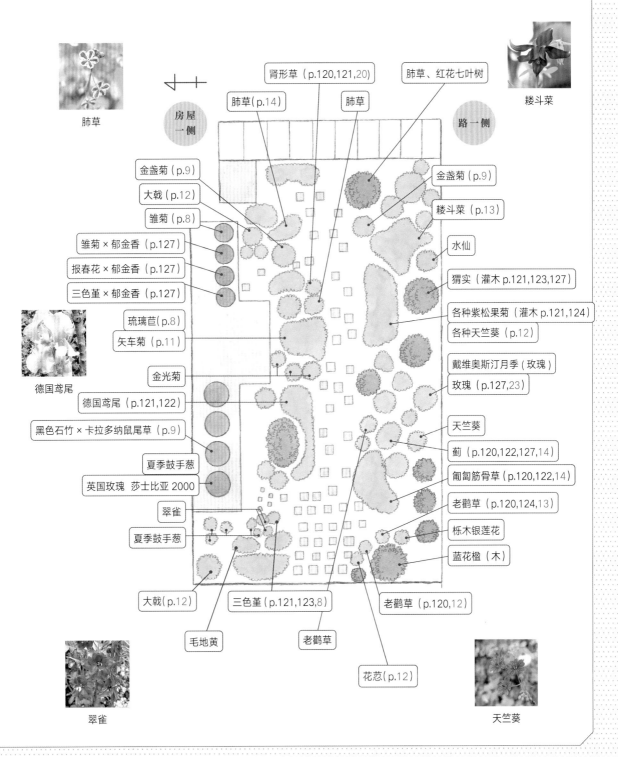

肺草

楼斗菜

房屋一侧

路一侧

肾形草（p.120,121,20）

肺草（p.14）

肺草

肺草、红花七叶树

金盏菊（p.9）

大戟（p.12）

雏菊（p.8）

雏菊×郁金香（p.127）

报春花×郁金香（p.127）

三色堇×郁金香（p.127）

琉璃苣（p.8）

矢车菊（p.11）

金光菊

德国鸢尾（p.121,122）

黑色石竹×卡拉多纳鼠尾草（p.9）

夏季鼓手葱

英国玫瑰 莎士比亚 2000

翠雀

夏季鼓手葱

德国鸢尾

金盏菊（p.9）

楼斗菜（p.13）

水仙

猬实（灌木 p.121,123,127）

各种紫松果菊（灌木 p.121,124）

各种天竺葵（p.12）

戴维奥斯汀月季（玫瑰）

玫瑰（p.127,23）

天竺葵

蓟（p.120,122,127,14）

匍匐筋骨草（p.120,122,14）

老鹳草（p.120,124,13）

栎木银莲花

蓝花楹（木）

大戟（p.12）

三色堇（p.121,123,8）

老鹳草（p.120,12）

毛地黄

老鹳草

花葱（p.12）

翠雀

天竺葵

## 1

### 制作土壤 · 肥料

通过好好地处理土和肥料，在第二年、第三年就会培养出肥沃的庭院土壤。这里将介绍花木老师至今为止根据经验总结出来的东西。

**肥料**

追肥用的天然有机肥料【生物黄金原装】。

【生物黄金经典基肥】培养出健康的根，让土壤营养更丰富。

植物的活力剂【梅内代尔】。

使用有机材料做成的液肥【植物性有机主体浓缩液体肥料】。

**土壤制作**

【发酵牛粪】完全发酵后，没有气味的优良土壤。

【五星级培养土】在用土、肥料上都具备绝妙的配方平衡。

在山野草的区域有排水好的专用的"山野草之土"。

【生物大师】用于土壤再生以及追肥。

## 2

### 庭院工作的工具

庭院建造的伙伴——花园工具，需要一边尝试一边选择。对于喜爱庭院的花木老师来说，庭院工具就是他人生的伙伴。

**喷淋器 · 喷雾器**

安装在洒水软管前端的喷嘴。为了能够喷到植物的根部，使用了较长的产品。

木醋液使用喷雾器喷洒。用在栽种和浇水之后。喷完之后绿色的叶子更漂亮，还有预防害虫的作用。

**庭院工具**

作为重要的伙伴——庭院工具的保养是不可缺少的。使用之后，一定要清理干净。

## 3 郁金香

郁金香是春天庭院的主角。花木老师说："形态各异的郁金香，与宿根草非常相配。"请有机会一定要尝试一下。

像百合一样盛开的郁金香。脚下是见元园艺的原创三色堇。

深咖色的黑色郁金香和在这里生长多年的报春花。

郁金香和天竺葵的组合。

叶子像荷叶边的华丽身姿的郁金香。脚下是雏菊。

## 4 精益求精的草木

构成这个庭院骨架的树木和花草，都是在别处很难见到的。尽管如此，却不会冲突，
而是和谐地融合在一起。

与开红花的红花七叶树比邻而居的猬实花。这两种花凑在一起，庭院一下子就变成了奢华的空间。

受人喜爱的寺冈蓟。

开满喇叭状花朵的猬实花。

## 5 讲究的玫瑰

连苗屋老师也没有办法拯救的玫瑰在这个庭院中起死回生。传统的英式玫瑰与宿根草很搭。

纯白色单层盛开的玫瑰。这种玫瑰花刺少，容易打理。

深红色的蓝色狂想曲。多瓣玫瑰与宿根草很搭。

圆形可爱的杯状帕特奥斯汀被浓厚的香味包围着。

**图书在版编目（CIP）数据**

四季自然风小庭院设计 / 日本朝日新闻出版编著；
王春梅译.—沈阳：辽宁科学技术出版社，2022.9
ISBN 978-7-5591-2619-1

Ⅰ.①四… Ⅱ.①日… ②王… Ⅲ.①庭院—园林
计—日本 Ⅳ.①TU986.631.3

中国版本图书馆 CIP 数据核字（2022）第 135457 号

出版发行：辽宁科学技术出版社
　　　　　（地址：沈阳市和平区十一纬路25号　邮编：110003）
印 刷 者：辽宁新华印务有限公司
经 销 者：各地新华书店
幅面尺寸：185mm×260mm
印　　张：8
字　　数：200千字
出版时间：2022年9月第1版
印刷时间：2022年9月第1次印刷
责任编辑：康　倩
版式设计：袁　舒
封面设计：袁　舒
责任校对：徐　跃

书　　号：ISBN 978-7-5591-2619-1
定　　价：60.00元

联系电话：024-23284367
邮购热线：024-23284502

四季自然风

# 小庭院
# 设计

*How to make a small garden*

日本朝日新闻出版　编著

王春梅　译

辽宁科学技术出版社

·沈阳·

CONTENTS

# 目录

---

## 第一章　尽显品位的 BROCANTE 的小庭院建造
CHAPTER 1

---

**A 西村府邸**

### 使周围的大自然与
### 自家庭院的绿色一体化 / 6

1　入口处通过门、铺路石以及植物
　　来传达一期一会的真诚 / 7

2　草坪庭院起伏与亮点 / 8

3　在微风吹过的宽敞的露台上眺望令人心仪的庭院 / 9

**B 更冈府邸**

### 乐在其中、容易打理
### 露台上的小小种植空间 / 10

1　多样化绿色植物尽显丰富的"表情"
　　舒适惬意的露台 / 11

2　小小的空间里种有许多植物 / 13

**C 大山府邸**

### 充分彰显出植物具备的
### "特质"的庭院 / 14

1　提高庭院品位的花园小屋 / 15

2　对被喜爱的植物所包围的
　　天鹅绒般的草坪充满憧憬 / 17

**D 井泽府邸**

### 在居住地中央实现的林中度假地 / 18

1　赋予庭院故事
　　小道周围 / 19

2　在住宅密集地保护隐私
　　大树围墙 / 20

**E BRANSCOMBE 府邸**

### 用玫瑰装饰——实现自己的梦想，
### 同时也治愈了周围的人 / 22

1　仅仅作为过道实属可惜
　　房屋两侧 / 23

2　即便空间狭小也能盛开
　　美丽的玫瑰花的庭院 / 24

**F 神村府邸**

### 通过不用费时来打理的结构，
### 尽情享受庭院的生活 / 26

1　使用古砖、古材、地锦，
　　打造法式偏远乡村风情 / 27

2　像在室内阳台里似的，
　　度过平静又美好的家庭时光 / 28

**G 佐藤府邸**

### 停车场与引道、
### 主庭院的氛围一体化 / 30

1　入口处通过浅绿色的植物营造出温馨的气氛 / 31

2　小草坪的庭院里栽种色彩明亮的植物 / 32

**第二章** 不放弃! 利用劣势条件打造
CHAPTER 2 小庭院

这种空间, 也能变成庭院 / 34

01 细长空间的利用方法 / 36
1 房屋的两侧及后面 / 37
2 面向玄关的道路与房屋之间 / 40

02 狭窄空间的利用方法 / 44
1 墙壁 · 围墙 · 护栏 / 45
2 与道路间的界线 / 48

03 享受背阴 · 半日阴 / 50

点缀小空间创意集 / 56


**第三章** 思路各式各样! 不同场所
CHAPTER 3 建造小庭院的创意大集

入口和引道 / 58
露台 · 阳台 / 60
专栏 庭院的点缀——组合盆栽 / 63

停车场 / 64
抬高苗床 / 66
焦点 / 68
小道 / 73
专栏 自己亲手打造的花园 / 74


**第四章** 将憧憬变成现实,
CHAPTER 4 建造各种印象不同的小庭院的创意

一年中花朵常开不败的花坛 / 76
1 圆形花坛 / 77
2 正方形花坛 / 80
专栏 树篱脚下也能造出花坛 / 83
3 宿根草中心的花坛 / 84

美丽的玫瑰花庭院 / 86
1 拱门 · 方尖碑 / 87
2 巧妙利用墙面 / 88
3 从花盆向外扩展生长 / 89

能享受到果实的庭院 / 90
1 攀缘性果树 / 91
2 盆栽 / 92
3 作为庭院树木 / 93

充满绿色的庭院 / 94
1 小道两侧的绿色植物 / 95
2 沿着树木连接绿色 / 96
专栏 角落也是绿色 / 96

**在很小的空间里表现四季的技巧 / 98**

**步骤 1　用花盆和花箱来**
**　　　　享受四季的变化 / 100**

01　小花盆 / 100
02　放在露台上的花箱 / 101
03　装饰玄关旁的花箱 / 102
04　装饰窗下、墙壁、栅栏 / 103

**步骤 2　在小花坛里欣赏四季的花草 / 104**

01　玄关旁的小花坛 / 104
02　围墙下的花田 / 106

**步骤 3　创造聚焦点，种植四季花草 / 108**

01　以立式花盆为中心 / 108
02　围住主要的花 / 110

**步骤 4　种子的获取方法、球根**
**　　　　种植方法和养护 / 111**

01　取种·播种 / 112
02　盆栽·植苗 / 113
03　种植球根 / 114
04　各种关照 / 116

小庭院的种植技巧也适用于大庭院 / 117


**园艺达人花木老师的庭院**

**庭院是有生命的**

庭院的一年就如同人的一生 / 118

2 月的庭院　幼儿时期的庭院 / 120

4 月初的庭院　少年时期的庭院 / 121

4 月中旬的庭院　青春期的庭院 / 122

4 月下旬的庭院　青年时期的庭院 / 123

5—10 月的庭院

**成熟期·准备重生 / 124**

小庭院的植物 / 125
园艺达人的精益求精 / 126


**手册**
**小庭院植物图鉴**

● 开始建造庭院时所需的工具 / 2
● 小庭院的土壤制作 / 4
● 小庭院建造之肥料的基本 / 5
● 培育小庭院的简单保养方法 / 6
● 小庭院中需要注意的病虫害 / 7
● 图鉴
　一年草本植物 / 8
　多年生草·宿根草 / 12
　玫瑰花 / 22
　树木 / 24
● 打造小庭院必备词汇表 / 26
● 庭院建造的一年 / 28